在北冰洋漂流的日子

The Days on the Arctic Sea Ice

雷瑞波◎著

海洋出版社

2020年 · 北京

图书在版编目（CIP）数据

在北冰洋漂流的日子 / 雷瑞波著. — 北京 : 海洋出版社, 2020.7

ISBN 978-7-5210-0598-1

Ⅰ. ①在… Ⅱ. ①雷… Ⅲ. ①纪实文学－中国－当代 Ⅳ. ①I25

中国版本图书馆CIP数据核字(2020)第084161号

ZAI BEIBINGYANG PIAOLIU DE RIZI

策划编辑：白　燕
责任编辑：张　荣
责任印制：赵麟苏

海洋出版社出版发行
http://www.oceanpress.com.cn
北京市海淀区大慧寺路 8 号　　邮编：100081
北京新华印刷有限公司印刷　　新华书店总经销
2020年7月第1版　　2020年7月第1次印刷
开本：787mm × 1092mm　　1 / 16　　印张：17.5
字数：267千字　　定价：140.00元
发行部：62132549　　邮购部：68038093
海洋版图书印、装错误可随时退换

序　言

气候变暖是人类当前面临的最大挑战之一，而北极气候变暖是全球平均水平的 2 ~ 3 倍。北冰洋海冰的快速减少极大地影响了海洋的物理和生态环境，也影响了包括我国在内的中纬度地区的天气气候过程，使得北极航道的商业开发成为可能。此外，北极永冻带融化导致北极原住民的生存环境岌岌可危，而冻土的甲烷释放可以在相当程度上改变大气温室气体的源汇格局。

为了把脉北极气候环境的变化，探索北极海冰快速减少的机制，提升对北极天气和海冰的预报能力以及对气候的预测能力，也为了致敬 126 年前的挪威探险家弗里乔夫・南森和“弗拉姆”（Fram）号木制帆船穿极漂流的壮举，北极科学委员会经过 10 余年酝酿，正式启动了其旗舰项目 MOSAiC（Multidisciplinary drifting Observatory for the Study of Arctic Climate；北极气候研究多学科漂流冰站项目）。该国际计划涵盖了大气、海冰、海洋、生态和地球化学等学科，是迄今为止学科最齐全、支撑能力最强大的北极科考计划。MOSAiC 计划将“极星”号破冰船冻结在北冰洋中心区域，随冰漂流，从 2019 年 9 月至 2020 年 10 月，分 6 个航段开展为期一年的大气 – 海冰 – 海洋–生态系统各圈层及其相互作用的观测研究。该计划由德国阿尔弗雷德·魏格纳研究所暨亥姆霍兹极地海洋研究中心（Alfred-Wegener-Institut für Polar-und Meeresforschung，AWI）组织实施，除“极星”号外，还有多艘破冰船提供后勤支撑，支持物资补给和人员轮换。MOSAiC 也是至今参与国家最多的北极科考计划，直接参与现场考察的科学家来自 17 个国家，达 300 余人，后勤总投资 1.4 亿欧元。

在国家海洋局极地考察办公室的统一策划下，2017 年 11 月，我带领中方团队第一次参加了在俄罗斯圣彼得堡举行的 MOSAiC 实施研讨会。中方明确表示不但会在后勤上给予 MOSAiC 大力支持，还会组织队伍参加 MOSAiC 所有学科组的现场观测工作。本书作者雷瑞波被指定为现场工作的中方协调人。

极地科学考察是世界各国展示综合国力和科技水平的重要舞台，最近几年 MOSAiC 无疑是这个舞台的焦点。全面参加 MOSAiC 国际计划是我国积极参与全球气候变化研究和北极科学考察国际合作的成功范例，是落实《中国的北极政策》白皮书相关声明的有益探索和重要实践，是我国作为一个负责任大国在北极事务上的重要行动。

2019 年 9 月 20 日，MOSAiC 考察队从挪威特隆姆瑟港出发。在第一航段中，MOSAiC 冰站漂流了 75 天，克服了低温、风暴、海冰破碎和北极熊造访等困难，取得了巨大成功，创造了多个历史第一，获得了一批宝贵的观测数据。中方队员在此航段布放了包括“无人冰站”在内的冰基浮标 42 套，为构建 MOSAiC 浮标阵列做出了突出的贡献；首次在北冰洋浮冰上开展了水下激光粒度仪剖面时间序列观测，为研究冰底海洋生物活动的季节变化提供了基础数据；在 MOSAiC 冰站上布放了冰下沉积物捕获器，可支撑气候变化背景下北冰洋中心区生物通量的变化及相应的生物地球化学规律研究；开展了船基表层海水的二氧化碳和甲烷通量观测，为研究北冰洋碳源–汇过程提供了关键观测依据。这些工作是整个国际计划不可或缺的部分，为 MOSAiC 增添了中国元素和智慧。

《在北冰洋漂流的日子》一书，以日记体的形式记录了中方队员参与MOSAiC第一航段充满激情、责任和梦想的100多个日日夜夜。里面有辛酸也有喜悦，有极地极夜的安宁也有队员作业过程的动态再现，有北冰洋相关科普也有冰区作业和海冰过程的专业知识。通过阅读一篇篇日记，翻看一张张插图，能让读者仿佛置身于其中，亲身经历MOSAiC冰站的点点滴滴，以及漂流的一个个极夜。我国从1999年首次开展北极科学考察以来，已经实施了10次北冰洋考察，但至今还没有组织过北冰洋冬季考察航次。因此，《在北冰洋漂流的日子》不但是一本科普读物，还可以为我国将来开展冬季北极冰区考察作业提供参考，为组织北极考察国际合作计划提供支撑，成为我国北极考察历史上的珍贵资料。

希望此书能激励更多的年轻人认识北极、关注气候变化、积极投身到极地考察和科学研究中，为建设海洋强国和极地强国贡献力量。

陈大可

2020年1月6日

目录

第一篇 MOSAiC浮标阵列构建

第二篇 MOSAiC 浮冰站

第三篇 归航

■ Stefan Hendricks 摄

第一篇

MOSAiC 浮标阵列构建

MOSAiC 浮标阵列构建属于 MOSAiC 第一航段的 a 部分（Leg 1a），主要由俄罗斯南北极研究所的 Fedorov 院士号及其搭载的 Mi-8 直升机支持完成。Fedorov 院士号于 2019 年 9 月 21 日离开挪威特隆姆瑟港，9 月 25 日到达冰区，10 月 5 日开始第一个冰站的工作，10 月 13 日完成了 MOSAiC 浮标阵列的构建。10 月 17 日一部分队员转移到 Polarstern 船上继续主冰站的工作。从 10 月 4 日至 17 日，Polarstern 船上的队员同时开展主冰站的选址和作业面的构建工作。10 月 18 日，Fedorov 离开了 MOSAiC 主冰站。中方有 12 名队员参加了 Leg 1a 航段的工作，其中 5 名队员最后转移到了 Polarstern 船上继续 Leg 1b 航段的越冬工作，另外 7 名队员随着 Fedorov 院士号返回特隆姆瑟港。

Day 1

9 月 20 日

备航

北纬 69°40.77′, 东经 18°59.77′ 5.2℃

9 月 20 日晚上 9 点本来是和 Polarstern 一起启航的，后来不知道什么原因，Fedorov 启航时间推迟到 21 日 10 点。这样也好，可以多一天用网络的时间。20 日的 Polarstern 的启航仪式其实比较简单，不像中国的航次，但据说这已经是德国航次最隆重的一次了。航次显得非常国际化，德国人在这方面做出了极大的努力。尽管不同国家的文化、语言和生活习惯不一样，但科学任务是一样的，这就让大家很容易协调起来。在几个月的时间里，与来自不同国家的人生活在一起，与不同学科的，不同年龄段的人，不断地协调工作过程，互相学习各种技能，也是一种很好的体验。

Fedorov，是一艘跟雪龙船改造之前样子差不多的破冰船，但破冰等级在雪龙船之上。两者生活舱极为相似，进来一下子让我想起了 14 年前第一次去南极的情景。那时候第一次上船，一切都很新鲜，也没有体验过船上的生活。这次是第一次体验国际航次。那次去南极回来的时候乘坐的是澳大利亚的“极光”号破冰船，但回来的路上只是乘客，没有任何压力。这一次除了乘船，还有很多科考任务，要一件件协调，一件件落实，心里不免有些忐忑。

上船第一件事是确保安全。行船三分险，老祖宗的话，到任何时候都是适用的，何况是极地，任何救援都够不着。确保安全，不但只是意识上的，更需要不断地培训。很多时候，国内的安全培训都只告诉你这是什么，什么时候用，实操训练比较少，而这次的培训更多的是实操。第一次做不好不要紧，

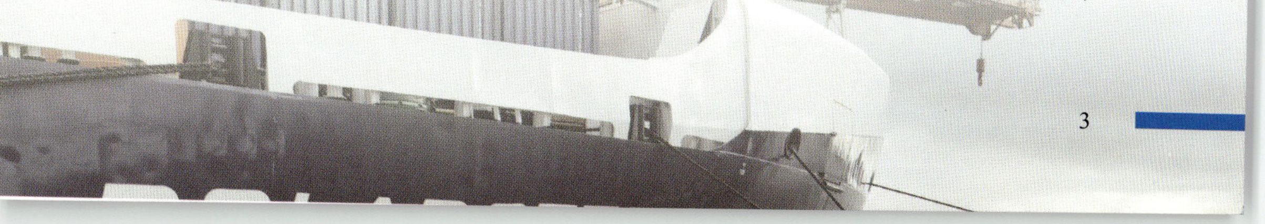

出发前中方队员合影 / 詹力扬 摄

不断地练，毕竟所有救生求生设备都是比较容易操作的，只要多练，总能找到使用的感觉。在真正出现危险的时候，自救就是一瞬间的事情。这几天的培训，包括冰上落水脱险、直升机安全培训、防寒御寒、通信联络、防熊安全等。上船后的培训包括登船须知、进入底舱和弃船演习。有些是按照船舶安全管理相关规定执行的，有些则是针对这个航次各人承担的具体任务开展的。情景反应很重要，比如说，人员落水后怎么办，北极熊来了怎么办等。

特隆姆瑟，一座挪威最北端的城市，这里是北极考察的门户，是挪威极地所的所在地。尽管这座城市很小，但麻雀虽小，五脏俱全。这里有天然的不冻深水港，有能满足各个阶层需求的旅馆，有足以不闭户的治安，置身其中已经能感觉到北极风貌的景致。之前来过特隆姆瑟几次了，每次都比较匆忙。尽管这座城市只有一个小镇大小，但都没有完全逛过。这次因为备航和培训，提前了一周到达。因为要采购一些国内没有准备或者忘记准备的物资；要去码头整理货物；要去 Fram Center 参加培训；要去打一针德方要求的但在国内打不到的疫苗，几乎把整个特隆姆瑟逛了个遍，大街小巷。

特隆姆瑟最大的特点就是东西贵。北欧近 10 来年经济状况比西欧和南欧都好，挪威近岸有大量的油气资源和渔业资源，人口也不多，这是挪威消费水平较高的原因。另外，特隆姆瑟与外界的交通不是那么顺畅，与芬兰和瑞典连通的公路到了冬天经常因为大雪而封闭，当地也不生产生活物资。最近几年由于油气的开发，很多相关的公司都在特隆姆瑟设立了分公司。当然来这里旅游的游客也很多，你在街上看到的 10 个人中可能就有 7 ~ 8 个是游客。这些因素都促使特隆姆瑟成为全世界物价最贵的城市之一。自然，这里老百姓的工资也会高一些，比如做科研的博士后，工资一般比西欧国家高 30%。从阿拉斯加来的中学老师 Katie Gavenus 说，特隆姆瑟的植被和生态环境与阿拉斯加差不多，以灌木为主。然而，尽管特隆姆瑟的纬度比阿拉斯加还高，但特隆姆瑟的气候还是比较温暖的，冬天也很少有低于零下 15℃的天气。冬天的平均温度要比阿拉斯加高 10 度左右，这主要是受到大西洋暖流的影响，降雪量也会比较大。所以特隆姆瑟的植被里除了灌木还穿插有一些针叶树种。气候适宜，而且有着与欧洲大陆衔接的航空运输网络，因此，特隆姆瑟的繁华程度也远高于阿拉斯加。针叶林和苔原带的分界线也是定义北极的一种方法。从这个定义来说，尽管特隆姆瑟纬度高于北极圈 3 个纬度，但从植被来说它还处于北极的外缘。随着气候变暖，针叶林和苔原带的分界线正在不断地向北延伸。

挪威极地所就在 Fram Center，后者是一个很大的科研楼，里面容纳了好几个与极地和海洋科学研究有关的研究所。Fram Center 旁边是一个极地科普馆。我们到特隆姆瑟的第一天，9 月 13 日，是中国的中秋节，由于还没有到秋分，白天还很长，晚上 8 点，天还亮着。下雨的中秋没有圆月。这个季节特隆姆瑟并不很冷，5 ~ 10℃，有下不完的雨，稀稀拉拉，永远没有停的意思。街上大部分行人穿的都是我们冬天才穿的冲锋衣，因此也不用打伞。中秋节的第二天是周六，驻挪威大使馆教育组的老师在 Fram Center 联合特隆姆瑟当地华人举办了一个简单的中秋聚会。周琴，一个从中科院海洋所毕业的师姐，是这次活动的组织者之一。刚到特隆姆瑟的我们，虽然还没有太多的思乡情结，但吃上了月饼，喝了一小杯牛栏山，也算是弥补了今年又不能在家过中秋的遗憾。去年就没能在家过中秋，也是在北极。每逢佳节倍思亲，极地人就这样，但好像也不应该这样。极地人，不应该总当英雄，也应该被呵护。

德国的阿尔弗雷德·魏格纳研究所暨亥姆霍兹极地海洋研究中心 (AWI) 所组织的物资装船工作是非常有条理的，这值得我们借鉴。所有物资都在港口仓储区分包清楚，每件物资会被识别出上船后应该存放在什么地方。各个学科组管理自己学科的物资，上船后，就没有太多的物资转移工作了。这也降低了船上工作的强度和潜在风险。Fedorov 的装船工作比较轻松，因为只有分布式浮标阵列观测的相关设备才会上这艘船，所以物资要少得多。然而物资上船后反而显得稍微有些凌乱，主要是没有沟通好哪些物资可以进入实验室。船是俄方的，实验室可利用的空间可能是没有协调好。

今天的安排似乎有点紧张。早上登船，中午新闻发布会，下午安全培训，傍晚是欢送会。Polarstern 出航的时候，比较有仪式感，领队和船长是最后上船的，通过吊车挂着的吊笼上船，他们叫 Mummychair。新闻发布会发言的包括 MOSAiC 的首席（也是第一航段的领队）和共同首席，以及船长和一些比较知名的科学家。话语间，科学家们表达了 MOSAiC 从概念设计到实施的不容易，庞大的后勤和经费支持，不同国家科学家的交流对接等。比如说，一个科学组要召开一次电话会议，可能要涉及从中国到欧洲，再到美国的时间差，30 来人的会议可能涉及 10 多种语言背景的声音，每个人说的英语都带有各自国家的口音。好在，同一个工作的话题，总是很容易说到一起，几个关键词说清楚了，就能大概明白对方所要表达的意思。

Day 2

9 月 21 日

启航 · 北极光

北纬 69°40.77′, 东经 18°59.77′　4℃

Fedorov，执行的是较为严格的作息餐食制度。早上 7 点有叫醒广播，然后是一阵俄罗斯的民乐和流行歌曲。7 点半吃早饭，吃饭时间不能超过 1 个小时，因此不能在餐厅闲聊。不是吃饭时间，餐厅是锁门的。中饭和晚饭也一样。和我们国内船不一样的是多了一个下午茶的时间，3 点半，有一些简单的饼干和饮料。下午茶的茶点都是现做的。凡是到餐厅就餐的队员不能穿工作服和工作鞋，衣着要清爽干净。吃饭前，服务员也会把餐桌整理得有条有理。看来俄罗斯不但是个“战斗民族”，还充满了小资气息，怪不得在 20 世纪五六十年代有那么多苏联的小说和民族歌曲可以在国内的知识分子中流行起来。

Fedorov 的领队是 AWI 研究所的 Thomas Krumpen 研究员。Thomas 是研究海冰的，所以之前跟他打过一些交道。Fedorov 执行规则的例会制度，包括 3 种类型的会议：考察队全体大会（General meeting，不包括船员），会议形式相对轻松一些，主要是汇报各个组的进展情况，考察队第二天的安排，船上有什么需要注意的，比如天气和海冰情况，当天有趣的事情和照片等；PI 会议，主要是领队、俄方联合领队、船长、俄语翻译、各个工作组的组长以及有特殊需要的队员参加，我作为中方的协调人，每天都需要参加 PI 会议，会议形式相对严肃，相当于我们考察队的临时党委会议，是做考察队决策的会议；各个工作组的会议，形式比较具体，主要讨论具体事宜，时间由组长确定，不是每天都有。由于船是俄方的，定义为 MOSAiC 的补给船，所以考察队和船员的交集不多。船员只负责船舶的安全运行和到冰站后的安全保障。

防熊队员是俄方雇的，大多是俄罗斯的猎人。船员不参加考察队的日常活动。船上搭载的 Mi–8 直升机归船方管理。船舶的管理当然是船长说了算，但俄方的最高领导是俄罗斯南北极研究所的 Vladimir Sokolov 研究员，他也是考察队的共同领队。

Fedorov 的科考队员主要由以下人员组成：DN（Distributed Network）组，主要负责 MOSAiC 分布式浮标阵列的构建；Transit 组，在 Fedorov 上没有太多任务，主要是乘坐 Fedorov 到达目的地，然后过渡到 Polarstern 开展主冰站的工作，回来的时候，也有一些是在 Polarstern 上完成工作，然后乘坐 Fedorov 离开的队员；Logistics 组，主要负责考察队的安全培训和后勤物资管理，最后部分人员也会过渡到 Polarstern；Education 组，主要是高中或大学的老师，他们的任务是要把 MOSAiC 的工作向大学生和中学生广泛宣传，

■ 北极光 / 王磊 摄

从而引导学生的科学兴趣；MOSAiC School 组，主要由带队老师和学生组成，MOSAiC School 的学生主要通过 APECS（Association of Polar Early Career Scientists）选拔招募，APECS 是从事极地和高山科学，尤其是冰冻圈科学的年轻科学家联盟，在中国也设有秘书处。MOSAiC School 有 20 个学生，来自 11 个国家，主要是低年级的博士生，大多有一定的野外工作经验。选拔过程由专家控制，每位申请人的申请材料由两位专家评分，其中一位来自 APECS，另外一位是 MOSAiC 项目里知名的科学家，得到邀请的学生在船上的费用是免费的，很遗憾没有中国学生被选拔上。MOSAiC School 期间会聘请各个专业的专家进行各个学科的授课。学生除了听课接受各个学科的科学前沿介绍外，还要参与各个项目的具体野外观测实验，了解怎样进行团队合作，怎样申请和执行科研课题。由于有 MOSAiC School 的学生在，Fedorov 的考察队充满了青春气息，而且明显优化了男女比例。除了船员外，Fedorov 上的科考队员是 87 人，Polarstern 上是 63 人。所有考察队员里，女性 44 人，占 29%，其中 Fedorov 的女性有 25 人。

今天晚上，居然看到了北极光，漫天变幻的绿光带。北极光的能量来自太阳，太阳风携带着能量粒子进入地球，地球的磁场使得能量粒子进入地球过程中重新排列，主要从两极进入，与高空大气发生相互作用，从而产生极光。极光并不是越往北越频繁出现，主要分布在绕磁北极的极光带，从特隆姆瑟至大概北纬 80°，最有可能看到极光。我们的船离开特隆姆瑟后不断往东北航行，所以这几天都有可能看到极光。大部分的极光被云遮挡着，在云的间隙中来回蠕动，更显北极光的神秘。

Day 3

9 月 22 日

巴伦支海东进

北纬 75°19.31′, 东经 35°29.21′ 1.7℃

今天还到不了冰区。因为风浪还会比较大，底舱的物资也没法整理。上午开了一个海洋剖面浮标 ITP 的协调会。Tim 是一位具有丰富经验的组长，现场工作理得很清楚，从他的讲述知道我们的准备工作显得非常不足，主要是没有考虑极夜的情况。没有阳光时干活，可能需要发电机、灯和帐篷，这些物资只能靠 AWI 后勤人员支持了。总之，在国外的船上，很简单的事情协调起来都不那么容易。作业上的事情只能一件件理清楚，尽量与队上协调好。除了分组会议，我们和美国俄亥冈州立大学的 Daniel 商量了一下怎么布放海冰漂移浮标阵列。Jenny 和 Daniel 为了实时识别需要布放浮标的位置，还专门设计了可以实时显示浮标位置和直升机经纬度的设备，从技术层面来说并不

■ 巴伦支海的海浪

难，但他们为了每项具体的现场工作都会特意准备一些设备和工具，这是值得我们学习的。

船舶进入巴伦支海，海况变差了，领队和船长一再交代我们把物资绑扎固定好。尽管是多次出海了，在国内弄不好可以找船员帮忙，依赖惯了，动手能力还是没有锻炼出来。Fedorov 的船员更多的是提醒，绑扎还得自己来。绑扎完了，AWI 研究所的 Mario 说不及格，又绑扎了一次，还借给我们一些松紧扣。秋季的巴伦支海气旋很多，又没有冰覆盖，海况比较恶劣，跟白令海有点像。从区域来说，巴伦支海只有到冬季才会出现海冰，是近十几年来冬季北极海冰减少最明显的区域。

今天，局域网开通了，但邮件还不能收发；铱星电话打了，可老婆没有接到，可能在忙别的事情。离港两天了，手机信号很快就没有了，联系不上，总是有点膈应。这次出海是 2005 年去南极越冬以后出海时间最长的一次，因为大部分时间都在北纬 83° 以北，海事卫星是够不着的，只能靠铱星通信。到了作业站区，周边五十千米的区域将布放 100 多个各种浮标，铱星对地的通信能力也是有限的，因此队上限制大家私自用自己的铱星电话。每次邮件只能发 50 K，可见整个航次的通信都会受到诸多限制，似乎又回到了 13 年前的越冬时代。现在是一个信息社会，似乎离开邮件和微信都不能正常工作。因此上船以后，大家都知道正常工作是难以开展的，基本的通信只能是家里和船上互道平安。

Day 4

9 月 23 日

德国人的会议

北纬 77°48′，东经 47°06′　1.2℃

德国人挺喜欢开会的，今天大会就安排了 3 个。9 点半是第一次的 PI 会议，10 点是 DN 的会议，下午 5 点是全体大会。我是中方的 PI，所以工作上不能只顾自己手头上那点事，国内来的单位和涉及的工作都比较多。昨天，和首席以及组长碰了一下头，他们也担心中国人的工作，一方面是除了德国和美国人以外工作量最大，另一方面语言交流也是一个大问题，其中还涉及后勤方面与俄罗斯人的交流。可以想象，在冰站作业期间，高频上喊的可能是中式英语、德式英语、俄式英语，还有完全不会说英语的船员和飞行员的俄语。

昨天夜里，船时调了，从欧洲中心时间调成了莫斯科时间，一直沿着东北航道往东走，大概要航行到东经 130° 的位置，所以估计时间还要调，调时间对作息是一个极大的考验。

早上开了 PI 会议，首席把整个航次的主要工作理了一下，除了 Polarstern 所在的主冰站外，一共有 3 种类型的冰站。L 级的冰站，建站方式主要通过 Fedorov 靠泊，然后用船吊把货卸到冰上，布放的设备较多，涉及大型海洋剖面浮标，具有对大气 – 海冰 – 海洋界面通量和物质平衡完整的观测体系。Fedorov 离开后，L 级的冰站会进行固定周期的维护和采样。M 级冰站的建站方式主要通过直升机支持，每一个 L 级的冰站配置 2 ~ 3 个 M 级的冰站，布放设备相对简单，之后也不会进行维护。P 级的冰站只会布放 GPS 浮标，用于跟踪海冰的输运过程。可以预见，作业开展起来时，海陆空都要联动起来，还要与 Polarstern 及其主冰站进行协调，还有防熊、天气和语言沟通的事情，这是一个庞大的系统工程，对于考察队的首席和船长都是极大的考验。通信网络包括，船舶驾驶台、甲板、直升机和 3 个级别的冰站。其中船舶、直升机和冰站的防熊队员是俄罗斯人，领队和总协调是德国人，冰站的总协调来自美国，主要参与国包括德国、美国、中国和俄罗斯。PI 会议后，我大致理了一下头绪，把中国的工作和整个考察队的计划进行了通盘的考虑，在午饭之后召开了一次中国队员的协调会。在国内组织的考察队里，作业的协调也不是一件简单的事情，谁都想把自己的工作排在优先位置。但在整个船上，国内来的是一个 team，协调起来反而比较简单，总之，我们需要在顾全考察队总体计划安排和安全作业的前提下，尽可能把我们原计划的工作完成。每项工作都不可能只依靠自己单位来的 2 ~ 3 个人来完成，我们需要互相协助，比如物资整理、物资下船和登直升机作业，以及布放设备等。

德国人的会议 / 王磊 摄

忙完一阵，到了下午 3 点，国内晚上 8 点，正好比较适合打电话。在甲板上顶着大风，电话打通了，互报平安，聊了几句就挂了。一方面电话费实在贵，预存的电话费还要留着漫长的 4 个月用；另一方面，甲板上实在是天冷风大，风速 15 ～ 17 米 / 秒。秋季的巴伦支海，气旋一个接一个，在我们所处位置的东南部有一个较强的低压系统，而西北部受高压控制，风从高压吹向低压，受到科氏力作用向右偏，所以我们的风向是东北风，正对船头。海况实在不好，涌浪已经接近 4 ～ 5 米，浪花时不时地打到船头甲板上，这跟去南极经过西风带时的情景差不多。好在 Fedorov 跟雪龙船一样，足够的大，有 140 米长，40 米宽，即使在这样的海况下，也还是比较平稳的。秋分的到来，意味着太阳已经开始更加偏爱南半球了，北半球的白天开始短于晚上。

晚上跟负责 IT 网络的哥们聊了一会儿，各个船的电子邮件规则不一样。Fedorov 的科考队是临时的，网络通信也是临时布设的，规则自然也是临时的，主要由组长收发邮件然后再分发，组长忙起来大家也不好意思打扰他。这似乎没有“雪龙”船上的白名单制度合理。所谓的白名单就是你在船上可以设置 3 个可信的邮件地址，这 3 个地址是可以给你船上的邮箱发信的，其他的不行，这可以避免垃圾邮件和一些不知道情况的人给你发大邮件。我们中国来的科考队员大多由 DN 组的 Tim 管理。Tim 年纪比较大了，20 世纪 50 年代的前辈，而且 DN 组的事情也多。收发邮件成了一个大问题。

Day 5

9 月 24 日

作业方案

北纬 79°27.49′, 东经 65°23.11′ 0.5℃

今天风比较大，站在甲板上感受了一下北极秋季的“风”光。秋分已过，北极点已经到极夜期，我们船所在的位置是北纬 79.5°。现在天亮得已经比较晚了，8 点，太阳才冒个头，风是十分的大，在四楼甲板，帽子都被吹飞了。船比较大，尽管已经有白浪花了，可甲板也不见得有多晃。随手拍了几张照片就回屋了。

9 点至 11 点半，召开了一次关于船舶作业的 PI 协调会，会议特别的长。一方面，工作语言要翻译成俄语，因为共同领队、船长和防熊队都是俄罗斯人；另一方面，德方喜欢从一个空白的方案（Open plan）开始，然后讨论很多细节。这与国内考察队的工作方式不同。国内一般是由具体负责的队员起草一个实施方案，然后作为靶子由考察队审议修改，最后形成操作性文件。这两种方式各有利弊。德国人的方式可以考虑到所有人的基本需求，但规则制定起来特别漫长，中国的方式更具有执行效率。协调会上，确定了 L 级冰站的物资主要由船头的吊车卸货，由 Jakob 负责；船尾直升机主要是 M 级冰站和 P 级冰站的事情，由 Yan 负责。直升机还要穿插开展电磁感应冰厚测量工作。防熊的流程，跟我们的长期冰站作业差不多，队伍主要由防熊队成员和驾驶台瞭望人员组成。L 站配 2 名防熊队员，中午进行轮换。中午防熊队员回船吃饭，其他人完成具体工作后再回来。上冰作业的人员必须进行审批，在审批名单内的队员才能上冰。

中方队员，都会参加 Fedorov 的浮标阵列布放，浮标主要包括两个长线的海洋剖面浮标、六个浅层的海洋剖面浮标、17 个海洋物质平衡浮标和 30 来个海冰漂移浮标。两个长线海洋剖面浮标的布放是件比较繁重的工作，一方面，负责该项目的队员在国内没有准备得足够充分也没有什么经验；另一方面，这次的设备有点笨重，所以相关站点的作业时间肯定会比较长。因此，上冰之前还得盯紧点，让他们多思考，多测试，并积极参与美国相关设备的测试和调试工作。而我自己负责了将近 50 个海冰浮标的布放。完

融化末期的海冰

成这些工作，我倒是比较有信心，一方面技术上我们已经比较成熟，在国内航次也布放过大量类似的设备；另一方面针对不同类型的浮标我们都与国际同行建立了很好的合作和协调。浮标阵列是一环扣一环的，不同类型的浮标观测要素不一样，在同一个浮冰上会构成阵列；同一类型的浮标在不同浮冰上也会构成阵列；阵列构成不但需要考虑范围的宽广性，还得要考虑空间尺度的递进和浮冰类型的代表性；在主冰站上还要考虑与有人值守的连续观测有机地结合起来，方便将来可以更深入地开展相关研究。

Day 6

9 月 25 日

海冰边缘区

北纬 81°33.30′, 东经 93°9.58′ -0.7℃

昨天晚上，船已经在海冰边缘区掠了一下，后来又驶了出来，继续往东走，风浪明显小了，也就是说可以开始船上设备的准备工作了。PI 协调会明确了 M 站作业的大致方案，不同于 L 站，M 站是直升机支持的。Mi-8，一款重量级的直升机，上面能坐 20 多名队员。俄罗斯经常利用它作为本土与离岛之间的人员和物资运输的交通工具，Mi-8 直升机具备冬季冰区起降的能力。直升机支持，这意味着要离开母船，所以应急预案是必须要有的，包括配备必要的食品和铱星电话等。

下午开了好几个会，DN 会议和全体会议，所以时间被切割得支离破碎，也没有办法整理上站物资。晚上，是 Bar night，队上提供了啤酒和一些零食，啤

水墨画

酒是限量的，主要因为所带的物资非常有限，另外也为了大家的安全，毕竟不像在岸上，不可能那么随意。为了 Bar night，女队员都打扮了一下，尤其是 MOSAiC School 的学生，毕竟年轻。男队员则比较随意，不穿工作服即可。晚上时间又调前了 1 个小时，而且很多人明天都有事情处理，希望尽快把上站物资整理出个头绪来，所以 9 点开始的 Bar night，不到 12 点基本就结束了。目测每人大概喝了 2 ~ 3 听啤酒。中方队员也大致喝了一些，有些平时不怎么敢开口说话的队员，也开始跟老外聊起英语来了。可见，学外语，语言环境显然很重要。

半夜，船真正进入冰区了，海冰还不太厚，不到半米，但密集度已经接近70%～80%了，大多融池表面已经开始冻结。有些年轻的队员很兴奋，特别是一个做海冰研究的俄罗斯学生，因为他还从来没有出过海，没有见过真正的北极海冰。凌晨3点多，他一听到破冰船连续破冰的声音立马走上甲板看，看到连片的海冰，兴奋得高呼起来，并到住舱隔壁的几个房间敲门。昨天大家睡得比较晚，还调时间了，而且大部分队员都是老手，来过北极多次了，所以也没有特别的兴奋，甚至都没有开门迎接这位俄罗斯学生的招呼。

出海的第6天，收到了第一封邮件，是Polarstren副领队Marcel的信，大致是问能不能临时决定在OBS回收点上布放海冰漂流浮标，用于跟踪浮冰的运动，掌握其运动规律，以便于回收OBS。尽管是在北极的中心区域，通信还是比较顺畅的，但也受制于铱星的带宽。在北极，超过北纬79°，海事卫星就不管用了，只能用铱星，也不知道我们国家的通信卫星什么时候能覆盖到北极。以后北极航道被大规模利用起来，通信导航是个问题。我国用于北极海冰观测的卫星已经开始部署了，希望将来通信卫星也能跟上，不能总被卡脖子。

Day 7

9 月 26 日

作业准备

北纬 81°35.89′, 东经 108°6.20′ −1.2℃

随着进入冰区，冰站的准备工作迫在眉睫。先从简单的事情做起，把芬兰气象研究所的 5 个 SIMBA 海冰物质平衡浮标进行了测试，主要测试温度传感器和通信是否正常。后来，Mario 又说，这里估计还在俄罗斯的专属经济区，针对 Fedorov 航段，我们之前给俄罗斯的报告里说的是补给航段。按照这样的属性，我们在专属经济区不能做任何观测和设备测试。2012 年，我们“雪龙”船首航东北航道时，俄罗斯给我们的批复文件里也明确说了在其专属经济区内不能开展任何观测。看来俄罗斯对北极航道的管辖还是比较严格的，对中国和德国没有太大差别，哪怕这次用的是俄罗斯船。

■ 作业准备 / Mario Hoppmann 摄

10 点，进行了安全教育培训。培训的内容包括船舶往冰上卸货的注意事项、冰上作业安全、直升机作业安全和防熊安全等，培训指导老师主要来自俄方。与 AWI 研究所在特隆姆瑟组织的安全培训相比，这个培训显得比较简单，只提了要点和操作流程，没有实操的内容。可见，德国人办事就跟他们生产的机器一样，比较严密。当然，从经验来讲，还是比我们的北极考察丰富得多，有几个知识点，以往我也是没有听到过的。比如，不能对着熊用闪光灯；熊来了，绝对不能在冰上跑步逃跑等，这些行为都可能引起熊的注意。安全教育让人最为深刻的是教练 Charismatic Hans，一位来自德国巴伐利亚的极地和高山向导，脱下了他的牛仔裤，露出了他粗犷的大腿，一条明显的伤疤从大腿延伸至膝盖。据说这是他在格陵兰探险时从冰盖上滑落了 300 米的结果。那是一个小小的操作失误造成的，当时差点断送了他的性命。他被救起来的时候体温只有 32℃了。Hans 总结了一句，一个小小的失误是有可能造成大麻烦的，包括断送性命，中止整个探险活动，具体到 MOSAiC 就是结束整个考察计划，所以大家不要觉得安全培训没有必要，安全注意事项和操作流程要牢记在心。

下午，从船尾底舱把货物提出来了，细分清点了一下，带来的物资一件不少。这次物资运输经过了比较大的波折。从上海到奥斯陆是船运，奥斯陆到特隆姆瑟是铁路运输。按照 AWI 研究所的货运日程安排 9 月 2 日必须到特

隆姆瑟港，9月2日至12日按学科和单位对物资进行清点分包。第一步是分开Polarstren和Fedorov两艘船的物资；第二步按大气、海冰、海洋、生态和地球化学循环5大专业方向由组长统筹物资到港情况、上船次序和存放位置。在Fedorov主要是分成前甲板和后甲板。前甲板主要是L站的物资，包括各个单位的ITP、多参数气象站、湍流浮标和生态浮标，以及我们的无人冰站等；后甲板主要是M站和P站的物资，包括AWI的固定层位浮标、海大的D-Top浮标、我们和Jenny的海冰漂移浮标，以及我们和芬兰气象研究所的SIMBA海冰物质平衡浮标等。

整个MOSAiC漂流计划设计有1个主冰站（MOSAiC central obseratory），3个大型冰站（L site），8个中型冰站（M site）和40多个小型冰站（P site），一共50多个观测点。若观测阵列扩散得比较厉害，后续还将增加P站的布放，L站上将会布放直升机降落灯和AIS，这有利于利用直升机前往冰站对设备进行维护。在第一阶段布放的站点中，中方将在其中的30～40个站点布放设备，包括无人冰站、D-Top、ITP、SIMBA海冰物质平衡浮标和GPS海冰漂移浮标等，这也体现了我们的贡献。至今，我们国家共组织了10次北极科学考察，海冰快速变化及其与大气和海洋的相互作用一直都是我们重要的科学考察任务之一，在冰站作业中也积累了丰富的经验，具备了冰区海冰和海洋无人值守观测装备的研发能力，而这次国际漂流冰站计划无疑是检验我国极区海洋观测装备研发和冰区作业能力的绝好机会。通过国际合作，我们也可以获得50多个观测站点的观测数据，其中MOSAiC主冰站和L级冰站的观测参数都十分丰富，将会有力地推进海冰热力学和动力学过程研究，以及北极气候变化研究，从而提高对北极天气和海冰的预测预报能力。

Day 8

9 月 27 日

第一次汇合

北纬 82°12.85′, 东经 119°23.22′ -1.2℃

今天，Fedorov 和 Polarstren 按计划到达了汇合点北纬 82°12.85′，东经 119°23.22′。然而汇合点还处于海冰边缘区，海冰密集度在 60% ~ 70%，以小浮冰为主，直径一般小于 100 米。冰面融池有重新冻结的现象，但海冰厚度大多在 50 ~ 70 厘米，很少超过 1 米，冰间水道有晚上冻结，白天融化的现象。冰间水道大多被尼罗冰覆盖。尽管已经是北纬 82° 以北了，但海鸟还是很多，这与我们以往北极考察的太平洋扇区不同，可能与俄罗斯扇区的北冰洋陆架更加宽广有关。白天越来越短了，早上 PI 会议，领队 Thomas 向我们表达了他的担忧。在这个纬度上，目前不可能找到适合建站的浮冰，估计还得往北走 2 ~ 3 个纬度，然而要是在北纬 85°，到 10 月 10 日前后就没有太阳，进入极夜了。我们分布浮标网络（DN）的布放工作必须在进入极夜前完成，Fedorov 可以晚点回去，但是太阳不等人。也就是说，我们必须在 10 月 1 日前找到合适的浮冰做站。船时、找冰、不像样的海冰，这些关键词一次又一次地在我们的北极考察中出现。其实，不管是国内航次还是国外航次，领队愁的事情都差不多。而海冰的不断消融，对冰站作业的考验也越来越大了。2018 年的中国第 9 次北极科学考察，我们本来打算开展 1 周的长期冰站作业，但只实施了 2 天就撤了，因为海冰没有足够的厚度，导致大风过程中就把海冰撕裂了。

昨天夜里，两艘船已经到了汇合点，也就是 Polarstern 计划回收 OBS 的

■ 等待检阅的浮标

区域。中午，项目首席 Polarstern 上的领队 Markus Rex 乘坐 Polarstern 搭载的直升机来到了 Fedorov。直升机过来涉及 2 艘船和 2 架直升机的配合问题。两艘船都配备了 2 架直升机，Fedorov 的直升机是 Mi–8，两架机不能同时进机库。Polarstern 的直升机要过来，只能让 Mi–8 先飞出去让位置，等 Polarstern 的来客下飞机后，Mi–8 再飞回来。Polarstern 的来客走的时候，再重复一次这样的过程，显得非常折腾，主要是因为船边上的海冰还不足以降落直升机。但两艘船的领队汇合进行磋商对于推进整个考察队的工作是十分必要的，这决定着未来几天何去何从。显然，北纬 83°—84° 是不太可能找到合适的浮冰做站的。从光学和主动微波的卫星影像中，我们看见在北纬 85° 区域，略为向东（约东经 123°）有几个比较大的浮冰，兴许还有点希望。因此，两艘船领队磋商的结果是全力以赴赶往这块浮冰，到达时再用 EM–bird 对浮冰进行扫描观测，确定是否适合建站。

经过一天的准备，我们的科考物资基本准备就绪，明天就是把第一个站，包括 L 站、M 站和 P 站的物资清点一下，以确保离船时不漏带东西。尽管站在哪还不知道。准备下站作业的物资时，甲板上浮标铺了一地，16 个 SIMBA 海冰物质平衡浮标，8 个固定层位海洋剖面浮标，5 个 D–Top，40 多个 GPS 浮标……同一功能的浮标，厂家也不一样，比如说 GPS 浮标，美国俄勒冈州立大学的是 Pacific Gyre 可投放的浮标，浮标很小，标体周边由特制泡沫包裹着；我们和太原理工大学合作研发的浮标考虑了融池形成后的防水和浮力问题，底部是一个比较大的浮体；AWI 的则是以往用得比较多的 Met–Ocean iSVP。各式各样的浮标放在甲板上，像是等待检阅的士兵。是的，它们就是士兵，等待着北极的寒冬和冰雪的检阅，等待 MOSAiC 的检阅。浮标布放前，尽管我们考虑了各种情景，到布放后只能听天由命了。防护措施做得再好，固定得再牢固，也避免不了北极熊或者极端风暴过程的破坏。准备阶段，只能多想点，多做点。

跟老婆打了个电话，她说了一下国庆回老家的事情，我这才意识到国庆要到了，在船上一个星期了，从北纬 69° 的特隆姆瑟不知不觉来到了北纬 82° 的北冰洋。船时从欧洲中心时间逐渐调成了北京时间。

Day 9

9 月 28 日

寻觅

北纬 83°41.37′, 东经 128°3.14′ -3.4℃

一觉醒来，向窗外望去，海冰跟昨天明显不一样了，表面变得干燥，融池表面基本都冻上了冰，积雪也不像前两天那样湿乎乎的。海冰密集度在 80% 左右，但厚度还是不到 1 米，浮冰也还比较破碎，直径大于 300 米的浮冰几乎没有。

今天的 PI 会议，主要对俄罗斯南北极研究所提供的 SAR 主动微波影像进行分析，结论基本和昨天一样，就是在北纬 84° 以南都不太可能找到大浮冰，目标冰站在北纬 85°—85.5°，要是能在那建站（大约 10 月 15 日），之后到我们离开冰站时（大约 12 月中旬），冰站很有可能就会随着穿极流漂移至非常接近北极点的位置。

下午，随着 Fedorov 向北行驶，海冰进一步增厚，大于 1 米厚的海冰逐渐增多。如果考虑水道覆盖的油脂冰和尼罗冰，海冰密集度接近 90% ~ 95%；然而若不考虑新冻结的海冰，厚冰的密集度则只有 50% ~ 60%。但向北航行，海冰增厚给了我们找冰站的信心。有一次，Fedorov 被冰脊卡住了，在这个航次中还是第一次，Fedorov 的破冰能力要比雪龙船强一些，是 PC4 等级的破冰船，而雪龙船只是 PC6。后来才知道，Fedorov 是特地要破一下冰的，检验海冰的强度。该浮冰平整冰厚度在 1.0 ~ 1.5 米，也有一些冰脊，在主动微波影像里，这块浮冰是可以清楚识别的。当然，被冰脊卡住只是个小插曲，一方面，厚冰的海冰密集度还比较小，船舶还有回旋能力；另一方面，Fedorov 比较短，机动性比较好，所以只稍微停了一小会儿就过去了。试验破冰的这块浮冰尽

■ Mi-8 直升机探冰

管直径足够的大，大约有 2 千米，但厚度和强度都不够，也不能让我们在上面建站维持一年，因此只好继续往北了。

通过电子邮件经与 Polarstern 的 Marcel 联系，他和 Gunnar 认为在到达目标浮冰之前，每隔一段距离布放一个海冰漂移浮标是非常有意义的，这样可以跟踪 MOSAiC 冰站上游区域海冰随穿极流的运动情况。我们在 Polarstern 上存放了 12 个海冰漂移浮标，正好可以派上用场。我当然是支持该计划的。明天，从 Fedorov 出去实施探冰工作的队员，也会携带并布放海冰漂移浮标。大尺度海冰漂移的观测数据对于验证海冰预报模式十分有用，现在正是极地预报年（YOPP）的强化观测期。国际极地预报年的核心任务是要提高北极的天气和海冰预报能力，后者主要受制于没有足够的大气、海冰和海洋现场观测数据强迫模式，支持物理过程的数学描述和验证模式。YOPP 相关项目也支持了 10 来个海冰漂移浮标用于 MOSAiC 沿航线的布放。所有海冰漂移浮标将实现全球实时共享，从事海冰预报的学者可以实时拿到海冰漂移浮标的观测数据，Polarstern 上也能实时看到数据，这有利于将来对浮标阵列进行维护和再布放。

Day 10

9 月 29 日

海冰类型

北纬 85°48.34′, 东经 124°19.50′ -6.1℃

吃完早饭，Fedorov 已经接近北纬 86° 了，海冰和昨天的情形最大的不同是，水道上面重新冻结的海冰厚度明显加大了，从灰色变成了灰白色。海冰的形成是先在水里形成冰晶，之后冰晶上浮逐渐形成连片的油脂冰。顾名思义，油脂有很好的柔韧性，在涌浪作用下会像丝绸般滑动，要是海浪更大些，会破碎，重叠。油脂冰逐渐发展成灰冰，深灰色的，若破碎后互相碰触会形成莲叶冰，欧美人称之为 Pancake ice。之后继续增厚，灰色逐渐变白，变成灰白冰，然后是新冰，薄冰和一年冰。能存活 1 个夏季以上的称为多年冰。海鸟是彻底看不见了。据驾驶台人员说，沿途一天大概能看到 5 ~ 6 次北极熊的脚印，这两天都没有看到北极熊，可见熊的活动并不频繁。北极熊的活动在密集冰区确实比海冰边缘区少，但谁又能说准，熊会什么时候来呢?

从早上起，船就停下来了，扎在一块很大的浮冰上，浮冰直径大约 5 千米，表面比较平整，冰厚在 1.0 米左右，表面的融池已经封冻并被积雪覆盖了。清早能见度不是很好，主要是雾，但太阳出来后，雾很快就消散了。所以直升机等到 9 点多才能起飞。总体而言，这个季节密集冰区的雾似乎比 7—8 月轻一些，出现得也不那么频繁。其主要原因是气温降下来了，水道表面封冻，空气中的水汽下降，相对湿度下降。直升机飞了两个架次。第一个架次飞的时间比较短，主要是大概看看周边的环境，侦察浮冰的情况。对直升机机组人员来说也是一次热身。搭乘飞机的包括俄方的共同领队，Fedorov 的二副，负责测试 GPS 导航系统的 Daniel Watkins，记者以及 MOSAiC School 的学生等。第二个架次直升机在一个浮冰上降落了，并布放了海冰漂移浮标。海冰漂移浮标装配有 GPS 和气压计，用于跟踪海冰的运动。海冰运动主要受风和流的强迫影响，因为风速远大于海流，所以海冰受到的风应力也远大于流应力。因此，海冰运动速度可以根据表面风速近似得到。

我们下 L 站的物资目前存放在船头底舱内，舱盖只有在做站时才会打开，平时进去调试设备和转移设备只能通过下舱井道下去，井道大概有 15 米，这跟我们"雪龙"船的井道有点像。下井道，德国人给我们专门配备了安全设备，这个跟雪龙船上用的安全绳差不多，但多了两个非常灵活而结实的抓手。攀爬井道时，抓手要抓到井梯上，每攀爬 2 ~ 3 步，抓手转移一下，这样能保证即使工作人员在攀爬中出现了什么问题，也不至于摔到井底。在作业安全的问题上，德国人考虑的细节是值得我们学习的。

白天的气温在零下 5℃到零下 7℃之间，甲板上已经有冻霜了，好在没有强的降雪过程，冻霜并不厚。Fedorov 不像 Polarstern 那样，后者甲板表面是有防滑层的。Fedorov 的船员反应很及时，早上甲板上的主要通道已经撒上了沙子和木糠的混合料，这样会明显增加鞋底和甲板的摩擦力，让人不至于滑倒。在"雪龙"船上，我曾经滑倒过，船体都是铁家伙，滑倒是小事，脑袋要是磕碰到哪可不是小事。"雪龙"船上，曾经有一个女生从梯子上出溜下来，尽管只是 4 ~ 5 阶的梯子，把腰椎摔了一下，硬是在床上躺了几天，好在年轻，复原得还不错。寒区船舶航行，俄罗斯人应该是最有经验的，对于冰雪的特性，很多船员都能说出个一二三来。

各个工作组今天还是在忙乎着准备冰站作业的事情，很多研究团队上船的只有 2 ~ 3 个人，科考物资繁多而且很多还比较重。MOSAiC School 的学生帮了很多忙，比如 Mario 的积雪浮标有 10 来个，Mario 只跟学生简单地培训了一下，学生很快就把所有浮标都架起来测试了。这一方面减轻了 Mario 的负担，另一方面学生也得到了很好的锻炼。现在，每天首席都把天气预报和冰况遥感观测结果分析等工作交给了学生，有的学生做得好点，有的差点，这跟专业背景有关。但也没关系，重要的是锻炼，锻炼学生的实操能力、思维能力和综合分析能力，这些在学校里是很难学到的。说不准，若干年之后，这些学生中就会有人成长为国际知名的学术大家。

Polarstern 由于要回收 OBS，耽误了 2 天，明天才能赶到 Fedorov 目前的位置，所以，Fedorov 索性停下来等明天汇合了。况且目前扎进去的这个浮冰尺寸和厚度都还比较理想，可以作为物资中转基地。汇合以后，争取 1 ~ 2 天内找到合适的浮冰作业。当然扎进去的这个浮冰是否最后确定为物资中转基地还需要细致的冰面调查，包括开展冰厚钻孔和 GEM 测线观测等。现在，下午 3 点左右太阳就落冰了，微弱的折射光可以持续到 5 点半，6 点是彻底天黑。白天时间就这样一天天的减少。

晚上给家里打个电话，晨晨很着急地讲述着他上小学后的事情，老师来家访了，书包特别的沉，三字经背了多少，现在跳绳能跳多少个了，明天放假就和妈妈上姥姥家了……等到了 1 月回去，一个学期不见，晨晨应该长高长结实许多了吧。

新冰 · 日出

Day 11

9 月 30 日

探冰

北纬 85°47.15′，东经 123°47.67′ –4.8℃

船还是停着，船舶所在区域受高压控制，天气还比较晴朗，能见度比较好，风不大，船扎进浮冰后，浮冰只有船头方向出现裂缝，侧向没有产生裂缝。随着气温的下降，夏季海冰内部联通的卤水通道会逐渐冻结，重新形成骨架，这样海冰的力学强度会明显提高。在外强迫作用下，冬季海冰的动力破碎不像夏季那么容易。我国的北极考察都是夏季进行，在做长期冰站时，船扎进浮冰后，要是海冰厚度不够或者本身就存在裂缝，亦或大量融池出现，浮冰都会很容易被风力撕裂。另一方面，冬季船舶破冰会更加困难，海冰强度在加大，融池重新冻结了，冰间水道覆盖的薄冰在加厚，浮冰没有空间活动。所以，冬天能到北极来的破冰船破冰能力都比较强。12 月底，来接我们的是另外一艘俄罗斯破冰船 Dranitsyn，据说破冰能力在 Fedorov 之上，很期待，看看 Dranitsyn 船是怎么破冰的。

早上，俄罗斯和德国的科考队员上冰通过钻孔和 GEM 电磁感应冰厚测量仪对船边的浮冰厚度进行探测。探冰的流程跟我们的北极考察基本一样。先是防熊队员下去，然后海冰观测人员钻孔测量冰厚，确定可以下雪地摩托和其他物资。下冰人员是通过吊笼（Mummychair）下去的，也和我们一样，只是他们的吊笼是特殊设计的。吊笼周边是用绳索封闭的，笼底加了浮力材料，这一方面可以防止人员落水，另一方面可以增加吊笼着冰时的缓冲。德国人的工匠精神在极地考察的安全措施设计方面体现得淋漓尽致。这让我想起来

■ Mummychair

晨晨非常喜欢玩的乐高玩具。

结果并不理想，平整冰的厚度只有 60 ~ 70 厘米，这在遥感影像里还是块比较大的浮冰。也就是说在接近北纬 86° 这样的区域，我们还是没有找到合适的浮冰做站。同时，AWI 的 Jan 带领了飞行组利用 EM–bird 对周边 50 千米范围的海冰进行了探测。EM–bird 悬挂在直升机下面，飞行时离冰面大约 40 米。测量海冰厚度的原理是电磁感应产生磁场，磁场能穿透冰雪层到达冰 – 水界面，形成次生磁场，从而可以知道设备至冰 – 水界面的距离。EM–bird 测量系统还有一个激光测距仪，主要用于测量设备至积雪表面的距离，两个测量结果相减就可以得到积雪和海冰的总厚度。这种测量是快照式的，能够对浮冰的厚度进行快速扫描，相对在冰上进行测量，具有各态历经的特点，因此具有较好的统计代表性。有研究表明，在穿极流区域，通过统计历史上利用 EM–bird 得到的观测数据，海冰厚度有明显变薄的趋势，显然海冰是北极气候变暖的最明显的指示剂之一。当然从安全的角度来说，通过快速扫描浮冰，我们可以清晰地看到海冰厚度的空间分布，知道浮冰上冰脊、融池和裂缝的分布，是浮冰安全评估的重要依据。EM-bird 的观测结果基本与船边上的浮冰类似。MOSAiC 整个概念是围绕主冰站展开的，主冰站希望能维持 1 年多的工作。现实中，当前的北极，似乎很难找到这样的浮冰。尤其是拉普捷夫北部，这里受到穿极流影响，浮冰会源源不断地向北冰洋中心区域漂移，然后经弗拉姆海峡输出至格陵兰海，因此几乎不存在多年冰，是最近几年多年冰覆盖区域向北退缩最严重的区域之一。要是想找到更厚的海冰，可能需要向北或向东北挺进。向北挺进，海冰生长周期可以会长点，而且有一些冰是从加拿大海盆漂移过来的，海冰厚度可能会大一点，但要是接近北极点设站，可能不到一年就会漂出弗拉姆海峡，然后就不存在后面的第六航段了。向东北或向东挺进，则很有可能进入波弗特环流区域，这样，冰站一年后也不一定能漂流出北冰洋。当然，冰站后续怎样漂流，怎样维护，航段怎样组织调整都是后话，目前的首要任务是找到适合做站的浮冰。

我们需要找什么样的浮冰作为最后冰站呢，从位置上来说，应该刚好处于穿极流的上游区域，这样一年之后就能到达弗拉姆海峡。作为主冰站，浮冰的直径应该在 3 ~ 4 千米，这样才能布放所有计划中的设备，并且开展一些断面观测，平整冰厚度应该在 1.0 ~ 1.5 米之间，没有贯穿的裂缝，这样才能保证海冰能存活 1 年而不发生破裂；海冰厚度最好是多样化的，有利于研究不同冰厚在同样的大气强迫下的生消过程；主冰站周边应该有 90% 以上的海冰，并且有若干块足以布放浮标的浮冰。当然，这都是理想化的状态，还只是 MOSAiC 的概念设计。当前的北极，很难找到这样的冰站基地。我们还有 4 ~ 5 天的时间，要是没有合适的冰站，我们可能会启动第二方案，改变阵列观测思路。这就是北极考察最大的挑战，尽管每个航次我们都会很好地制定现场实施计划，但最后由于冰情、天气和船时限制，我们都会或多或少地改变原来的计划。这也使得极地考察需要有较强科学底蕴的科学家参加，调整计划尽管是适应客观条件的应对措施，但也需要科学思维的支撑，保证调整后的计划也能讲一个科学的故事，回答一些核心的科学问题。

Day 12

10 月 1 日

国庆

北纬 85°43.02′, 东经 123°12.76′ –9.1℃

今天，在 MOSAiC School 的教室里发现了一幅我们南极长城站送给 Fedorov 的油画，背景是长城站以及周边的景致。在南北极，中 – 俄双方的合作还是比较多的。我国在南极有两个越冬的考察站，长城站和中山站，分别位于南极半岛乔治王岛和东南极普里兹湾拉斯曼丘陵。两个站的周边都有俄罗斯的考察站，分别是别林斯高晋站和进步 2 站。中山站离进步 2 站只有 1 千米，在我们建站初期，俄罗斯的考察站给了我们很多帮助。因为靠得近，两个站也有很多互访和共同考察的活动。我在南极越冬的时候两个站就约定了每隔一个月互访一次，招待对方一次晚宴。海冰观测是一件苦差事，两个站海冰观测的人员也会经常一起进行海冰钻孔测厚和布放设备。再后来，俄罗斯进步 2 站由于电源线漏电，住宿栋发生了严重的火灾，甚至发生了人员伤亡事故，我们的考察站给了他们很大的支持。2013 年年初，一艘俄罗斯的考察船“绍卡利斯基院士”号在南极被海冰困住了，在附近海域的“雪龙”船二话不说就前往救援了。由于突变的天气，“雪龙”船也差点被困于乱冰区。所幸的是天气转好，风向改变，两艘船才得以安全脱险。这事在国际上被传为佳话。海冰对船舶极区航行的潜在风险也被大家更加重视了，澳大利亚南极局还专门召集了一次相关的国际学术研讨会商讨相关合作研究事宜。

在北极，中 – 俄双方在东西伯利亚海已经开展了两个航次的多学科联合调查。冷战结束后，俄罗斯有大量闲置的破冰船，有些还是核动力的。这些船建造时多多少少有些军事目的，冷战后很多破冰船改造成了科考船和极地旅游船，也有被卖掉的。胜利50周年号是核动力的破冰船，可以在任何季节到达北极的任何冰区，可谓无限制级。这艘船目前更多地用于旅游。夏季，每个月都会组织一次极点旅游，也有很多中国的游客参加了这样的旅游项目。第一航段结束后来接我们的 Dranitsyn 也经常作为旅游船使用。Dranitsyn 和胜利50周年号核动力破冰船同属一家船公司管理，母港位于摩尔曼斯克。“雪龙”船则是苏联解体后，从乌克兰买回来的破冰船。后来经过多次改造，基本满足了现代极区海洋学调查的需求，在我国南北极考察中立下赫赫战功。但由于破冰等级较低，也限制了我们在一些重冰区进行科学考察，因此我们通过联合设计、国内建造的方式建成了“雪龙2号”船，2019年开始用于极地科考。

今天是国庆，前两天下雪，也没怎么看着太阳，今天太阳是出来了，8点半从地平线冒了个头，算是日出吧。我们中国队员一起拍了个合影。日出、冰原、合影，热闹了一阵，算是向祖国献礼吧。

海洋一所和二所都带了海洋剖面浮标（ITP）。ITP 每天会工作 1 ～ 2 次，沿着 800 ～ 1 000 米的电缆上下，从而观测得到海洋剖面的关键参数，包括温盐、溶解氧和叶绿素等，观测结果通过表面单元和铱星发回到国内。剖面仪是美国生产的，表面单元以往是美国 WHIO 生产的，但由于采购周期短，WHIO 不能及时提供表面单元，海洋一所和二所的同事只好硬着头皮让国内的一家公司自行研发。由于是首次集成，表面单元及其配套的布放工具都存

国庆合影

在诸多缺陷。一所和二所的同事调试 ITP 和优化布放方案成了主要的工作内容。WHIO 也带了 3 套 ITP，他们曾经在北冰洋布放了 100 多套 ITP，具有丰富的成功经验。他们的布放工具和方案都显得非常的成熟。一所和二所的同事，上船后有空就向 WHIO 的队员学习，其中一所的同事是完全不懂外语的老同志，学习过程显得非常的煎熬。这两天，又遇到一件烦心的事情，布放 ITP 前，队员需要把钢缆排放在绞车上，由于没有排缆设备，1 000 米的电缆完全是手工排放的。底舱的空间小，带有 1 000 米电缆的缆圈也抬不动，只能是每 20 米一圈滚开了排进绞车。花了一整天的工夫，几个人轮班，好不容易把缆排进去了。后来一所的同事发现，缆排得太松，不整齐，外面的缆带上力后很容易陷进内圈出不来，要是现场遇到这种情况，很容易出现浮标下不去也上不来的问题。没有办法，只能重排，缆往外排一次，再往绞车排一次，又是一整天，十来个博士，内心一万个不情愿，胳膊手腕都酸得不行，但也看不得一所老同志求救的眼神，那就干吧。国庆、底舱、零下 10℃、手工排缆、博士、研究员，这都是什么样的关键词组合。好在，我们赶在晚上 9 点的酒会前完成了排缆工作，所有中国队员都参加了我们的排缆工作，酒会上我们简单地庆祝了一下祖国的生日，知道我们国庆的一些外国朋友也给了我们祝贺。北极考察，出来了就得靠自己。一次次失败的经验也逐渐换来一次次技术上的改进，然后才会有一次次的成功。我们的极地考察从 1984 年开始，北极考察从 1999 年开始，到现在，能够有一定的成绩和规模也是这样积累出来的。

前几天，海冰调查，主要是针对遥感影像上看到的几块大浮冰进行，Polarstern 和 Fedorov 分头进行，主要通过航空 EM-bird 测量、视觉侦察，以及冰面 GEM 和钻孔观测。GEM 近 20 千米的观测结果显示，Fedorov 扎进去的海冰平均厚度为 0.8 米，大部分冰厚介于 0.4 ~ 1.2 米之间，几乎没有冰厚大于 2.4 米的测点。通过对比，发现还是 Polarstern 附近的海冰更加厚一些，更加适合作为主冰站，因此下午 5 点全体大会后 Fedorov 就开始向 Polarstern 靠拢了。再次汇合后，首先要完成 Fedorov 给 Polarstern 加油，用于越冬时使用，然后进行物资和人员的运输。

Day 13

10 月 2 日

冰原拥抱

北纬 85°9.69′, 东经 134°29.31′ –6.6℃

昨天晚上，叮铃咣铛地，Fedorov 朝着 Polarstern 所在位置（东南方向）一路破冰。清早起来船又停了，往右舷一看，不远处的 Polarstern 清晰可见，汇合点到了，比昨天的原计划提前了 7 个小时。PI 会议过后不久，Polarstern 就向我们驶来了，两船基本上平行靠着，保持安全距离 10 米左右。天公作美，没有风，没有雪，能见度也很好。船的两侧都是薄冰，两船可以把距离保持得很好，要是能维持下去，两船可以通过吊笼进行人员和物资的交换，Fedorov 也可以通过油管给 Polatstern 加油。两艘船的配合作业有点像双人跳水，需要合作得天衣无缝。PI 会议决定了将参加在 Polarstern 上召开的磋商会的人员。15 分钟后，参加会议的队员在船头集合，通过吊笼在 Polarstern 飞行甲板上着陆了。磋商会主要是决定未来几天在哪布设主冰站，怎么开展 L 站和 M 站作业。后来，才知道我也要参加会议，但等我到船头时，吊笼已经完成吊运工作了，显然，我错过了一个历史时刻。

磋商会议结束后，加油的方案确定了。天气维持得不错，Polarstern 船的位置不对，而且两船之间没有任何防护措施。因此，Polarstern 往前开了一阵绕了一圈，画了一个半径大概 6 ~ 8 千米的圈，然后从 Fedorov 的船尾右舷方向重新开了进来。在开进来之前，Fedorov 在船舷边上挂了 3 个防撞球。Polarstern 开到与 Fedorov 平行的位置之后，两船用缆绳系在了一起，两船相距只有 7 ~ 8 米。这样，Fedorov 给 Polarstern 的加油工作就开始了。Polarstern 从离开特隆姆瑟之后用了不少燃油，为了准备越冬，Fedorov 需要把 Polarstern 的空油舱加满。加油完成后，就可以进行人员和物资的运输了，然后 Polarstern 就可以靠泊到目标的主冰站上，Fedorov 则开始寻找 L 站作业。深秋的北冰洋，两艘赫赫有名的破冰船都可谓庞然大物，但

Polarstern 和 Fedorov 号

静默于北纬 85° 的冰原上，还是显得如此的孤单，它们互相拥抱着，等待着未来一周艰巨的建站任务。全体大会上，领队 Thomas 显得非常兴奋，毕竟，建站工作向前迈出了重要的一步。

下午增加了一次 PI 会议，主要是确定明天的事情。明天早上会完成加油，并进行人员交换；下午完成物资交换，同时派出直升机探冰小分队选择第一个 L 站的做站浮冰。探冰工作主要有两个目的，首先要确定船舶怎么靠上去不破坏冰；其次就是要保证有足够的安全区域安装设备。基于走航的观测，这样的浮冰少之又少。挑战，显然这是 MOSAiC 开始阶段面临的最大挑战。

防熊，也是每次上冰的主要话题。北极熊位于北冰洋食物链的最顶端，是北冰洋土著生灵的霸主。北极熊出现的概率并不大，从 9 月 25 日进入冰区以来，我们也就是 2 次遇到北极熊，而且相距都比较远。以往我们的北极考察，一个航次下来遇到熊的次数也就是 2 ~ 3 次。然而，每次近距离遇见熊都可能是致命的威胁。所以，我们每个探冰的分队都要配备防熊队员。防熊队员一般携带步枪和信号枪两种武器。步枪主要用于射杀北极熊。然而我们都知道北极熊才是北冰洋的主人，所以遇到熊的第一件事是想办法在防熊队员的掩护下撤离到安全区域。只有在北极熊离我们小于 30 米，并且确定熊是向我们进一步靠近时，我们才能开枪。在危险关头，我们要射杀北极熊最好是射向心脏，但除了专业的猎人，又有多少人可以在万分紧急的关头一枪把熊击倒呢。在北极熊离我们还有 50 多米，并确定我们没有合适的区域可以躲避时，我们可以使用信号枪。信号弹只能打到北极熊跟前，靠近人的方向，要是打到熊后方，熊受到惊吓后会向我们跑来，那就更危险了。信号枪主要用于把北极熊往远处驱赶。总之，北极熊，最好不要遇上，遇上了最好是躲，躲不了最好是吓走，不到最后一刻不要与北冰洋的“霸主”发生任何的冲突。任何时候都要保持冷静，不要惊慌。

Jan Rohde 摄

Day 14

10 月 3 日

熊出没

北纬 85°11.07′, 东经 134°10.49′ -5.1℃

■ 熊出没

明天应该要上冰了，个人物资要稍微准备一下，一双备用的袜子、一副备用的手套、铅笔和本子、手电、相机、GPS 和铱星电话要充上电。上冰穿的衣服从里到外理一遍，免得明天上冰前急急忙忙忘了啥。今天按北京时间计算（UTC+8h）当地时间 14 点 31 分日落，到 10 月 9 日，日落时间就变成 10 点 45 分了。也就是说，今天的白天时间是 7.5 个小时，到 10 月 9 日，就会缩短至 11 分钟。当然要是包括太阳折射光，有阳光的时间会长一些，但也不会超过 2 个小时。所以浮标阵列的构建就是同时间赛跑。等转移到 Polarstern，等待我们的将是整整5个月的极夜，在第一航段，我们要在北纬85°以北区域熬过2个月的极夜。我曾经在南极中山站越冬，中山站纬度是南纬 69°，纬度比 MOSAiC 冰站低得多，没有阳光的日子是 58 天。由于有考察站作为依托，户外工作的时间一般不会太长，越冬期间每天的工作时间控制在 2 个小时左右。但 MOSAiC 的工作主要在冰上，日程都安排得满满的，有些工作可能一干就得 7 ~ 8 个小时。极夜期间长时间晒不到阳光，就容易缺钙。随着离开港口的时间越来越久，新鲜的蔬菜水果也会越来越少，身体还会缺维生素。所以出国前，我们都准备了一些钙片和维生素。

今天，所有工作都进行得比较顺利，给 Polarstern 加油的工作按期完成，两船之间的人员交换也完成了，天气还是很给力，风速维持在 5 米 / 秒以内。Fedorov 也迎来了一批新的客人，他们包括专门来给 MOSAiC School 上课的，帮忙建设浮标阵列的，以及已经在 Polarstern 上完成了 OBS 回收工作的。海洋二所的任健也随之来到了 Fedorov，帮忙布放 ITP。在物资交换过程中，还发生了一段小插曲。加油结束后，两船分开了，要重新靠拢调整两船的相对位置。在 Polarstern 离开后，缓慢驶向了 Fedorov 左舷 3 ~ 4 千米外的冰区。下午 2 点多，Polarstern 的船头出现了两头北极熊，母子俩，这是这个航次第三次遇到熊了，前面也有一次是母子俩。北极熊在 Polarstern 前面待了很长时间，溜达来溜达去，散步，爬冰，蹲着，各种姿势，很好地完成了模特的工作。Polartern 的队员近距离观摩了一番，一顿拍照。在 Fedorov 上只有长焦相机才能把熊拍好。之后 Polarstern 动船了，听到发动机的巨响，北极熊才离开，但离开多远，会不会回来就不知道了。果然，到了晚上 12 点，北极熊又出现了，这回出现在 Fedorov 的船头。我还是第一次这么近距离地观摩“熊姿”。虽然是半夜，但船头聚集了不少人，这熊母子俩基本满足了两艘船上科考队员的好奇心，一点也不偏心。冰站还没有开始建，熊就来了，防熊工作不能掉以轻心啊，希望它们已经相安无事地离开了我们的根据地。理论上说，这个季节它们会不断地向南迁徙，到了冬天会在沿岸的海冰找个地方过冬。但天晓得，它们是不是喜欢上 Polarstern 厨房的味道，留在这里过冬呢。行前安全教育的时候，生物学家跟我们说，北极熊是会冬眠的，但每天 24 个小时里，也会起来活动一个来小时，谁也不清楚冬眠的北极熊什么时候起来活动。总之，建站和后续的日常冰上科考活动，防熊，绝对不是走过场。

两船的物资运输，还要持续到明天早上。今天探冰小分队是分两个小组出去的，一共探测了十来块浮冰。其中有几块从直升机上目测就是新冰，直升机都难以降落，进行钻孔的有六块浮冰，有四块算是有潜力作为 L 站的浮冰。但哪怕是最厚的浮冰，平整部分冰厚也不过 1 米。可见主冰站周边根本就不存在那么多适合 L 站和 M 站建站的浮冰。2012 年的夏天，我们第 5 次北极考察从北欧海作业回来，经过东北航道到拉普捷夫海后也是向北航行，然后开展冰站作业。经度和这次差不多，可以说也是穿极流的上游区域。但那时破冰船走到北纬 85° 已经破冰困难了，前几天 Fedorov 已经到达了接近北纬 86° 的区域，但海冰的厚度几乎都没有超过 1 米，很多都是刚冻结的新冰。2012 年的夏季，北冰洋海冰的范围达到了有卫星遥感观测以来的最低值。尽管今年夏季海冰的范围没有破这个纪录，但海冰厚度显然还在持续减小，多年冰的覆盖率还在持续降低。北极的海冰正在记录和指示着放大的北极气候变暖。

Day 15

10 月 4 日

准备好了

北纬 85°7.84′, 东经 133°4.92′ -6.5℃

今天风有点加大了，气旋就要来了，下午风会更加强劲，还会有降雪过程。建站的这个时间点上，似乎赶上了几个风险点，减薄的海冰、气旋和风暴、北极熊，以及逐渐消逝的阳光，这些都是北极越冬的最大困难。未来一周，两艘船，二百多号人需要面对一个个的挑战，然后解决它。

早上本来是有飞行计划的，但天不好，起雾了，能见度只有 1 千米，不足以确保安全飞行。下午风又比较大，所以等了一天都没有飞。直升机上本来还装好了 11 个浮标，BBC 的记者还兴致勃勃的，因为领队同意了她随机飞行，可计划赶不上变化。装浮标时，第一次领略了 Mi-8 直升机的雄风，里面的舱室很宽敞，可以乘坐二十来位乘客，装两吨的物资，其空间跟小的固定翼飞机差不多了，不得不佩服俄罗斯大型装备的研发和建造能力。

下午 4 点开了 PI 会议，会议开得很长，两个半小时，将 L 站和 M 站作业的注意事项都重新过了一遍，制定了上冰的相关规定。跟我们的北极考察一样，上冰前要登记，佩戴救生衣，组长要带对讲机，这些流程还是比较熟悉的。由于海冰很薄，考察队制定了相关的应对措施。每个作业点配备了逃生应急箱，里面的物资很全，有救人用的绳索、保暖睡袋、急救箱、备份的衣服和食品等。逃生应急箱只有在真正遇到危险的时候才能使用。平时在 L 站是不能吃东西的，因为怕引来北极熊。做站前需要先钻孔确定冰厚；然后是下雪地摩托车，进一步对作业区测量冰厚；最后是卸货，下人。一个作业

■ 齐心协力

点一名防熊队员。防熊队员在午饭时间进行轮换，科考队员根据作业情况决定回不回来吃午饭。晚上 7 点结束冰上工作。事实上，太阳下午 2 点多就下冰了，下午 5 点开始便伸手不见五指了。船上大功率探照灯会向冰上进行照射，提供光源。M 站和 P 站的作业会在 L 站开展起来后，各方面都安排就绪了才开始进行。所有物资和人员都一次性运到 M 站。M 站的人员和物资下来后，直升机会飞到 5 ~ 7 个 P 站进行漂移浮标的布放。P 站作业完成后，直升机飞回到船上加油。M 站的作业大约需要 4 个小时，作业结束后，直升机再去接他们。M 站的人员离开母船太远，要是天气不好，直升机也是够不着的，因此队员需要准备足够的衣物和食品，以备不测。L 站大致分成三个大组，包括浮冰边缘区组，主要布放冰面气象站、冰底湍流浮标和海冰物质平衡浮标；浮冰中心区组，主要布放爬升式的海洋剖面浮标（ITP）和固定层位的海洋剖面浮标，以及海冰物质平衡浮标和生态浮标；教学组，主要由海冰专家 Jari 和

MOSAiC School 的学生组成，负责浮冰厚度的测量，以及冰雪样品的采集。冰雪基本理化性质是将来进行该站点数据分析的基础环境参数。M 站主要布放上层海洋剖面浮标 D-Top 和上层海洋固定层位浮标，以及海冰物质平衡浮标。P 站则只有 GPS 海冰漂移浮标。三种站分别在 MOSAiC 浮标阵列网络（DN）中扮演着不同的角色。L 站仅次于主冰站，气－冰－海的物理参数都比较全，漂流过程，Polarstern 上的海洋生物和化学学家还会想办法到 L 站进行冰雪和海水的采样。M 站是 L 站的扩充，包括基本的海冰和海洋参数观测。P 站的观测主要是针对海冰冰场的形变。

长会一开，定下来的诸多规矩和作业流程，便成为全体大会的蓝本。晚上 9 点开的全体大会，把上述规矩和流程跟大家讲了一遍，算是全民总动员了。上船后等了 2 周，等的就是上冰作业，完成考察队的任务。大家都显得很兴奋，同时也有一些莫名的担忧，冰啊，熊啊，天气啊，作业是否顺利啊等。在开长会的过程中，Fedorov 已经靠上第一个 L 站，定义为 L1 站。做好了，这个 L1 站会出现在很多科学报告和学术论文里，会帮助我们回答一些北极气－冰－海相互作用的奥秘。拜托了，L1 站！

前两天，Polarstern 那边已经明确了作为主冰站的浮冰，这也是我们需要赶过来跟他们汇合的主要原因。因此，今天 Polarstern 靠上主冰站了，意味着一年多的随冰漂流随之正式开始，这无疑是一个重要的节点。为了寻找这个主冰站，两艘船上来自不同国家的科学家利用不同源的卫星遥感数据，对预设位置方圆约 100 千米的浮冰进行了排查，对其中的 16 块浮冰利用直升机电磁感应或者冰面勘探实施了进一步的筛选，最后确定下来。尽管该浮冰无论厚度和大小都还不能完全达到预先确定的目标值，但可以说是目前北极拉普捷夫海北部区域最适合建站的海冰了。这个季节，正值海冰融化末期，经历一个夏季的融化，残留的海冰肯定就不成样子了。而且，这个区域是穿极流的开始段，冬季海冰往北漂，产生开阔水，开阔水再冻成冰，厚度自然不会很厚。无论怎样，这块直径 2 ~ 3 千米的浮冰连同 Polarstern 就是 MOSAiC 未来一年的家了，这样的条件也是没有办法，气候变暖在北极体现得最为明显。

Day 16

10 月 5 日

第一个冰站

北纬 85°0.68′，东经 132°46.69′ -8.2℃

MOSAiC 浮冰阵列（DN）的第一个冰站终于等来了，算是打响了第一枪。尽管冰况还不是很理想，但总体感觉船停靠在这块浮冰 2 天，应该不至于把浮冰撕裂。L1 站点浮冰直径约 3 千米，平整冰厚度在 0.7 ～ 1.3 米，冰脊覆盖率约为 30%，融池表面都已经完全冻结，并覆盖有积雪。从表面看不到融池现象，但融池曾经出现的区域，冰厚明显较小，重新冻结的融池冰面以下还有积水，可见融池内部还没有完全重新冻结。L1 站的浮标包括多参数的自动气象站。气象站的构成比较复杂，核心部分是利用超声波测量三维风速，其他观测参数包括长短波辐射、气温、气压、表面温度、积雪厚度以及利用摄像头监测雪面的情况等；海冰物质平衡浮标、冰下湍流浮标、800 米的海洋剖面浮标 ITP、海冰光学生态浮标、200 米的海洋固定层位浮标。观测参数从大气到海冰到海洋，构成了立体化的观测体系。能获得大气－海冰－海洋的界面物质与能量平衡过程，以及海冰生消过程对冰底海洋生态过程的影响等数据。

L1 站的作业过程还是比较顺利，天气晴朗，能见度很好，风速也很低。先是通过钻孔，确定了安全作业区，大致确定了各个浮标的布放位置；然后是卸货，各个作业点随之开始作业。到了晚上 6 点基本上看不见了，船上的探照灯对 1 千米以外的作业区也不是很有效果，因此，作业就停止了。一天下来，L 站的工作基本完成，只有耗时比较大的湍流浮标需要继续调试大概 1 ～ 2 个小时。M 站的工作持续了 4 个小时，也圆满完成了。P 站布放了 7 个海冰漂移浮标，其中有 2 个浮标是我们带来的。一天下来，还是比较累，毕

竟零下十几度，穿的衣服又厚，干起活来笨呼呼的，也容易出汗。到了晚上，大家都显现出了一些疲态，但为了确保后面的冰站作业更加顺利，我们还需要把一些设备进行清理，该充电的充电，该清洗的清洗，该更换的更换。

MOSAiC School 的学生在 L1 站作业期间表现出了惊人的纪律性。他们根据各自的特点进行了分组：驾驶台的北极熊瞭望组，主要负责不间断地对作业面进行监控；雪地摩托驾驶组，主要负责船边到作业点的运货；装卸货组，主要负责船边上的装卸货；分到各组作业点帮忙的人员；积雪和海冰厚度的普查

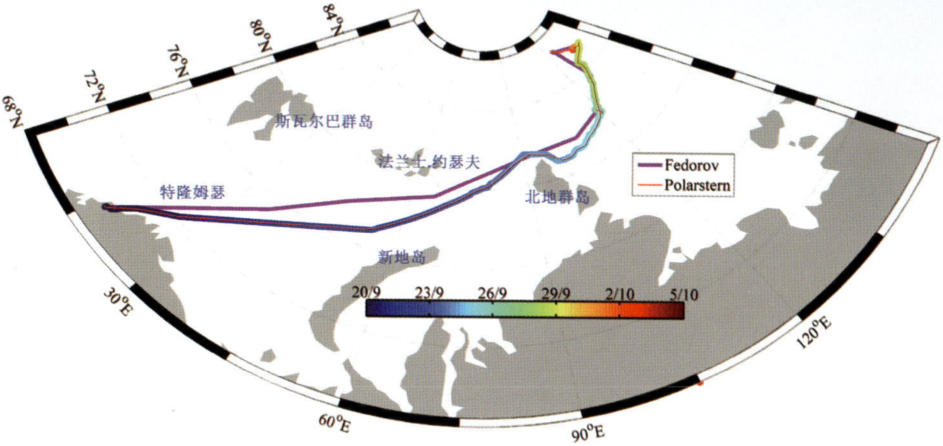

■ Fedorov 和 Polarstern 从 9 月 20 日至 10 月 5 日的航行轨迹

组，主要负责作业面冰雪厚度测量。其中装卸货组是最累的，除了午饭时间，从早到晚基本没停过。其中有一位来自澳大利亚的女生 Lisa 抬箱子从来都没有说因为是女生就要求照顾一下。我们作业完，我也去帮了一会儿忙，结论是 Lisa 的力气比我大。驾驶摩托车的 Alice 是个老手，来自加拿大的魁北克，据说有着多年的驾龄，除了开车外，只要车停下来他就会帮忙装卸货。这些学生大多是“95 后”，工作积极性、负责任的意识一点也不差，有些人是第一次来北极，第一次上船，但适应能力都特别的强，可见 APECS 的选拔机制还是非常严格合理的。

■ 出勤

Day 17

10 月 6 日

练兵

北纬 85°2.10′, 东经 132°46.80′ -6.7℃

开始下雪了，能见度也特别差，所以今天的作业都特别谨慎，只有昨天还有收尾工作没完成的几名队员下了冰。到上午 9 点半就结束所有工作了，10 点就动船了，前往 L2 站。本来 8 点直升机就要准备起飞了，但由于天气原因，飞行取消了。按这个时间进度，M 站的工作量很难保证，P 站的 GPS 浮标投放也成问题。Daniel 想了一个招，他们购买的 GPS 浮标是带有缓冲保护的，能够从二十多米的空中往冰上扔，可以通过投掷的方式布放浮标。在密集冰区，可能是担心行进过程把潜在可以作为 L 站或 M 站的浮冰破坏，Fedorov 在前往 L2 站的路上一切都显得小心翼翼。由于航行比较慢，Daniel 在船舶破冰过程中找了两块比较合适的浮冰，把浮标从甲板上使劲往外一扔，通过这种方式投放了 2 个 GPS 浮标，效率还是很高的，总比等天气用直升机强。当然直升机布放可以确保浮标阵列更加规整，有利于数据分析工作。Daniel 的创意，也使得我开窍了。我国的北极考察，一般会沿着楚科奇海台和加拿大海盆北上选择浮冰做冰站，要是采用这种浮标我们可以大量投放，从而获得从海冰边缘区至密集冰区的海冰运动学特征的空间变化。在 MOSAiC 中，科学家都来自北极研究主要国家的主要科研单位，都会用自己研发和最新掌握的观测装备开展各项调查，不愧为最豪华的考察队。在这个过程中，值得我们学习的技术和考察作业方式实在太多了，MOSAiC 对于像我这样的年轻科研工作者来说，就是一所学校，一所可以“Open eyes”的学校。

下午，Fedorov 已经停靠上 L2 站，L2 站浮冰比 L1 站小多了，直径只有差不多 1 千米，冰厚普遍在 1 米以内，只有靠近冰脊的冰会比较厚。安全作业区划分完成后，到 3 点多了，能见度还行，因此，Tim 组织大家把孔径比较大的冰洞都钻出来了，其中包括湍流浮标的钻孔、海冰物质平衡浮标的钻孔、2 个 ITP 的钻孔等。Tim 经验非常丰富，脑子一过，根据浮冰上冰厚的分布，很快就分配好各个浮标的位置。其中 2 个 ITP 冰下缆长在 800 ~ 1 000 米，尽管剖面仪线缆底部都有 100 千克的重物，但为了保证互相不干扰，两个浮标之间的安全距离大约需要 200 米。湍流浮标的钻孔孔径最大，达 60 厘米，这需要专门配置发动机，通过三脚架把孔径 60 厘米的钻杆提起来，人只能通过平衡横杆控制钻杆。所以，若今天能把所有钻孔完成就可以为明天的工作节省出更多时间，基本可以保证明天一天就可以完成 L2 站的所有工作。

MOSAiC School 学生们的冰上舞蹈

Tim 很有可能完成 MOSAiC 这个项目就退休了，他是 Fedorov 船上两位参加过 SHEBA 航次的科学家之一。SHEBA 航次跟 MOSAiC 一样，把一艘破冰船冻在北冰洋冰区开展了为期 1 年的越冬观测，侧重于气 – 冰 – 海界面能量与物质的交换与平衡。所不同的是，SHEBA 航次是在波弗特环流区开展的，MOSAiC 航次是在穿极流区开展的；SHEBA 航次开展于 1997—1998 年，MOSAiC 航次从 2019 年持续至 2020 年。两个航次相隔了大约 20 年，在这 20 年里北冰洋气候和海洋发生了翻天覆地的变化，气温持续增暖，海冰快速减少，所以 SHEBA 的观测结果已经与当前北冰洋的情况偏差太大了，限制了北极气候和海冰预测模式的发展。另外，在这 20 年里，科技水平得到了很大的提高，大气、海洋和海冰的观测装备有了很大的提高，从而使得 MOSAiC 的观测要素更加完善。从学科配置来说，除了气 – 冰 – 海相互作用的物理过程外，MOSAiC 还考虑了气候、海洋和海冰变化对北冰洋生态过程的影响，以及温室气体循环在北极气候和海洋环境变化中的重要作用。当然，SHEBA 航次，以及后来的 Tara 航次和 N–ICE 航次都为 MOSAiC 冰站和观测体系的构建提供了很好的经验和基础。比如，曾经参与过前面这几个航次的科学家中有很多人成了 MOSAiC 航次的骨干。Tim，尽管年纪大了，体力有时候跟不上，但很多时候经验性的判断为航次开展和冰站作业提供了很多帮助。俄罗斯多年的北极考察和冰站作业经验在 Fedorov 这个航段上得到了充分体现。我国北极考察的经验和科学积累，尽管与我们的综合国力一样发展得很快，但总体上还是发展中国家，基本处于第 2 梯队，跟美国、德国和俄罗斯相比还有比较大的差距。国际合作，很多时候也是一种练兵，我国最开始的南极考察就是通过国际合作，一步步把经验积累下来的。

Day 18

10 月 7 日

完美的一天

北纬 84°59.84′, 东经 134°59.89′ -8.7℃

天气晴朗，中午后风大了一些，有 6 ~ 7 米 / 秒，但总体上，没有出现天气预报报的那样，有大风过程。可见，北极区域的天气预报不确定性是最大的，改善这种情况，也是 MOSAiC 最大的任务之一。今天能见度也很好，所以不但正常开展了 L2 站的工作，还开展了 2 个 M 站的浮标布放工作。

作业站点的浮冰直径约 1.5 千米，船舶一侧表面较为平整，另外一侧冰脊较多。所以工作面主要布置在表面平整的这一侧，平整冰的厚度在 0.5 ~ 1.2 米之间。但靠近冰脊区域的冰厚变化较大。积雪厚度在平整冰上有 8 ~ 10 厘米，冰脊旁的积雪厚度可以达到 20 ~ 25 厘米。L2 站的浮标包括多参数自动气象站，冰底湍流浮标 AOFB，积雪浮标 Snow buoy，WHOI 和海洋一所的 ITP 海洋剖面浮标各 1 个，海冰物质平衡浮标 1 个，以及 SIMBA 海冰物质平衡浮标 2 个等。

L2 站的前期工作昨天都做好了，所以今天的工作进展得还算比较顺利。上午 8 点防熊队员就上冰了，8 点半就完成了物资下冰。中方队员今天的工作还是比较艰辛的，我们今天要布放一套 ITP。依托雪龙船我们曾经在北极冰区布放过 ITP，但那是 WHOI 的科学家组织布放的，浮标及其配套的各种工具都是他们提供的，中方只是协助，所以可以说我们没什么经验。这次一所和二所买到剖面仪后，表面单元以及布放浮标的辅助装置都是找国内单位研制的，从设计到生产只花了两个多月的时间，甚至有些配件在发货的时候都来不及准备，是我们出国的时候随身带过来的。因此，基于自主设计的布放

■ 布放 ITP / 王磊 摄

方案实施独立布放 ITP 可以说是这个航次中方队员目前面临的最大困难。在 L2 站，我们用二所设计的布放方案和布放辅助工具把一所的 ITP 布放下去了，整个布放过程堪称完美，实施过程基本按设计的流程进行，中间没有太多的不顺畅。细节上，WHOI 也给了我们一些帮助，比如提供了非标准口径的冰钻以及抓牢缆绳用的麻花绳等。我们布放浮标只用了 4.5 个小时，比 WHOI 的布放也就多花了一个小时，要知道 WHOI 可是成功布放过上百个 ITP 的，他们的工具都非常齐全，过程十分规范。所以，我们把浮标布放完，WHOI 的科学家也表示惊讶。

一天下来，L2 站和两个 M 站的所有工作按计划完成，还在 16 个 P 站上布放了海冰漂移浮标，其中有 8 个是中方提供的，基本算完美。2 个 M 站意味着 Fedorov 的 Mi-8 共执行了 4 个架次的飞行。另外，Polarstern 的直升机还在 Mi-8 执行任务过程中，到 Fedorov 进行了短暂的访问，把 MOSAiC 的首席 Markus Rex 也接过来了。总体而言，结冰季节的北极海雾要比夏季轻得多，更加适合飞行。我国以往的北极考察都是在夏季进行的，所以直升机飞行作业会遇到很大的困难，没有雾，能见度好的时间窗口少之又少，而且很短暂。我们对北极的认知更多的是来自夏季的科学考察。冬季的北极，我们大多时候都是利用无人值守的观测装备，即各种各样的浮标，获得观测数据。人类在北冰洋开展为期一年的观测，历史上的航次是非常有限的，因此也彰显了 MOSAiC 航次的重要性。

天气预报显示明天风速可以达到 13 ~ 15 米 / 秒，受到低压影响，气温会高一些，在零下 2 ~ 4℃之间，但因为大风，体感温度会低至零下 15℃。在极地，比低温更可怕的是大风天气。据说，这次的预报应该会比较准确，因为不同机构给出的结果较为一致。因此，我们明天的工作比较机动，利用好天气的窗口做 M 站的工作。

Day 19

10 月 8 日

钻不透的海冰

北纬 85°6.67′，东经 136°11.76′ –5.3℃

M4 站是通过 Fedorov 靠泊上去开展的。今天的天气跟昨天的天气预报一致，气温不算太低，零下 5℃左右。白天风很快就起来了，至中午时风速已经接近 12 米 / 秒，还伴随着降雪。所以，不能开展 L 站的作业，后者时间太长了，直升机也无法起飞，不能开展直升机支持的 M 站作业。M4 站的作业刚开始阶段，天气还好，只有零星的小雪。

冰况不理想，选择的这块浮冰主要是冰脊，而且里面有夹层，只有靠近 Fedorov 的区域才有 2 米以下的冰。M 站的工作主要包括布放一个 D–Top 海洋剖面浮标、一个 100 米的固定层位浮标、一个积雪浮标、一个 SIMBA 海冰物质平衡浮标。这样的冰况是十分不利于浮标布放的，靠近冰脊，冰厚太大了，而且夹层很容易让人误认为是冰底。冰内的夹层在 10 ～ 50 厘米不等，是浮冰互相碰撞挤压形成的。挤压过程中有些浮冰会发生断裂并且被挤压到冰底，跟地壳板块碰撞类似。这种夹层夏季不会冻结，冰冻季节来了，也会相对平整冰延迟冻结，所以这种冰板包裹的水腔里很有可能存在冰藻。这对于冰区生态环境来说是非常重要的，因为冰脊是大量存在的。而且随着气候变暖和北极海冰变薄，海冰动力学过程会明显加强，北极海冰的动力形变会像南大洋海冰那么强，冰脊增多，像今天这样重叠的存在水腔的海冰也会更加普遍。从生态学角度来讲，冰藻处于北冰洋食物链的最低端，是进行光合作用的主要载体，因此可以说它是北冰洋生态系统的主要能量来源之一。冰脊内的水腔为冰藻生长提供了营养物质。

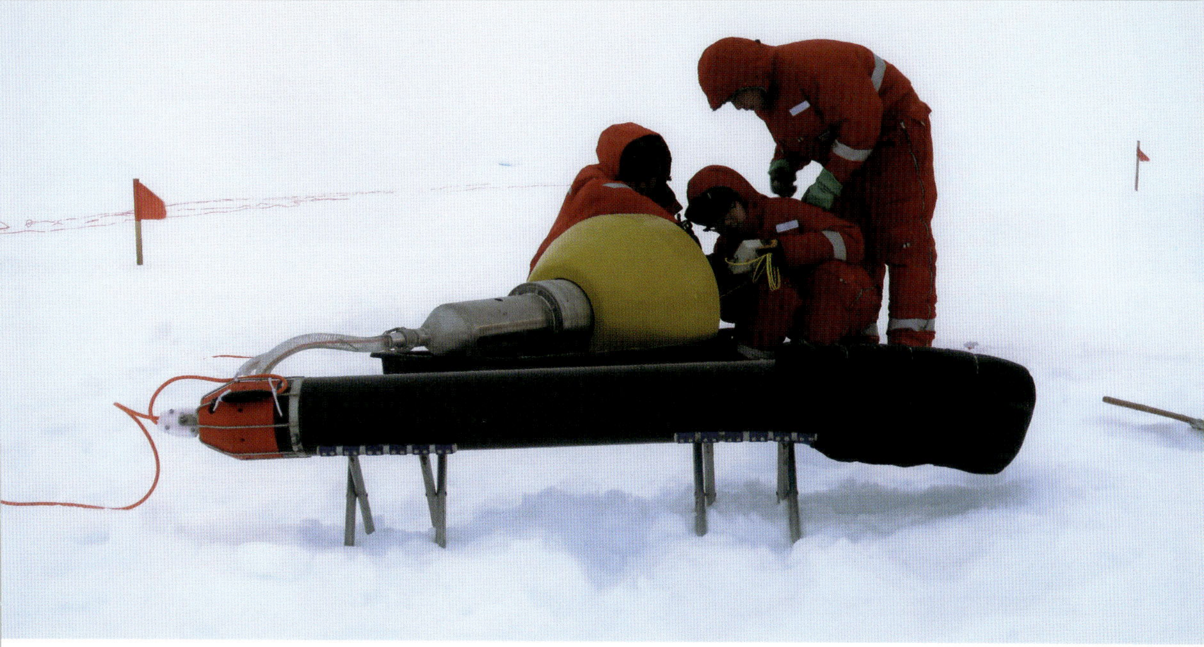

■ 布放 D-Top 浮标

这种带夹层的重叠冰对布放设备来说是个大麻烦，钻孔特别的困难。布放 D-Top 时钻了两个孔，都以为已经钻透了，结果等布放设备时硬是放不下去。此时的天气变得越来越差，大雪纷飞，能见度也不好，要是熊来了，还是很危险的。所以领队在驾驶台呼叫了我们好几遍。第一个钻孔用 25 厘米的钻打了 3 米，第二个钻孔打了 2 米。大家都累的筋疲力尽了，迫于防熊和天气的压力，我们不得不放弃 D-Top 的布放。回到船上，发现连体服里面全是汗。中午吃饭时，足足喝了 1L 的水，整个人有一种虚脱的感觉。在冰上做点事，远没有在船上做事来的舒服，更不要说国内的实验室和办公室了。长期从事极地科学考察的科学家需要一种情怀，否则是难以坚守的。

一方面因为下雪，另一方面太阳离我们越来越远了，今天中午时分，冰上都看不大清楚了。全体大会上，讲到了 Fedorov 离开的时间，10 月 16—17 日。Fedorov 走的时候，第一航段的大部分人会随船回去，只有一部分人会被转移到 Polarstern 上，继续第一航段的工作。看来离说再见的时间很近了。Fedorov 的首要任务是完成 MOSAiC 浮标阵列体系的构建。据说明天天气能转好，希望明天能继续下一个冰站的作业，毕竟时间实在紧张。整个阵列体系现在已经初具规模了，但还有 1 个 L 站和 4 个 M 站的工作任务没有完成，天气也存在很大的不确定性。

Day 20

10 月 9 日

到底是什么站

北纬 85°5.26′, 东经 136°28.19′ -8.2℃

今天尽管几乎没有阳光了，但还是比较晴朗的，能见度不错，天边长时间都像朝霞一样，风已经不大了，总体来说，天气是非常适合做冰站的。吃早饭之前，Fedorov 已经停靠好一个潜在的 L 站了，通知大家 8 点做好准备上冰。最后一个 L 站，大家都显得比较兴奋，吃完早饭大家就穿好衣服在主甲板上等着了。按照规矩，作业队员先下舷梯，然后下防熊队员，最后是冰厚调查。与此同时，准备设备下冰。我们都准备得差不多了，甚至把一些零碎的工具提前搬到了舷梯下的冰面上。上午 8 点 40 分，探冰的人员在作业面调查了一遍。结论是不能作为 L 站来考虑，这里平整冰的厚度只有 40 来厘米，而且中间还有很多裂缝。DN 组的组长 Tim 经过与领队 Thomas 沟通，确定这个站的作业取消。好吧，只好把物资从冰上搬回船上，好在，下冰的物资并不多，但搬回到船上也已经一身汗了。见到领队 Thomas 和负责 P 站 GPS 浮标布放的 Daniel，我脑子一过，立刻闪现出一个想法，把 L 站变成 P 站，布放一个 GPS 浮标。领队一听，这主意不错，就同意了，Daniel 也说很好。我们做决定的时候，舷梯都快要收回来，防熊队员正在往回走。从四楼的测试甲板，噔噔噔，把浮标搬到舷梯口，和管舷梯的俄罗斯船员沟通了一阵，他们才弄明白我下冰想干什么。下冰后一阵小跑，把浮标放在看起来还比较厚实的冰脊旁。刚放完浮标回到主甲板，还和大气组的 Ola 开玩笑说，“The L site to be P site”，AWI 的 Jan 就跑过来说，Daniel 在之前直升机作业时已经在这块浮冰上布放过 GPS 浮

浮标的舞台

标了，Fedorov 就是根据那个 GPS 浮标的数据找到这块浮冰的。刚才，只是商量布放 GPS 浮标的事情来得太突然了，Daniel 还没有反应过来呢，另外这块浮冰直径大于 1.5 千米，尽管能见度还行，但由于阳光不足，积雪白茫茫，冰脊也多，小小的 GPS 浮标在船上实在是看不见。还好，舷梯和防熊队员还在。还是，噔噔噔，一阵小跑，把浮标又拿回来了。

不到中午时分，船就到了另外一块潜在可以作为 L 站的浮冰。这块浮冰的情况也不怎么理想，Tim 和 Thomas 商量了半天，犹豫不决。还是 Jan，说有可能把这个站作为 M 站来做。好吧，昨天说好，AWI 的 Mario 利用直升机出去开展 M 站作业了，如果需要同时利用破冰船做 M 站，则需要用我的冰钻并需要我下冰站做支撑。为了不耽误 M 站的工作，我们只好从底舱里把钻拿出来了，说是拿，其实就是拽。底舱舱盖只有做 L 站时才会开。不开的话只有一个平方米大小的井口进去，15 米深的井，钻也有 20 多千克重，要拽出来可不是一件容易的事情，把太原理工的博士生左广宇累得直说要喝可乐。我们下底舱的时候，领队 Thomas 通过广播说了这个站还是作为 L 站开展作业，但是底舱是听不到广播的，知道领队的通知也是后来的事情了。所以，拿钻也是一件徒劳的事情。好在，下午的工作把所有安装设备需要的冰洞都钻好了，还安装了一些比较简单的设备，比如 SIMBA 海冰物质平衡浮标。明天需要安装无人冰站，在我国的第 9 次北极考察期间，我们也成功安装了两套无人冰站，然而遗憾的是，光学传感器并没有实现数据传输，因此浙江大学负责光学设备的王杭州老师总是觉得比较遗憾。MOSAiC 航次，他申请了一个名额，确保我们的无人冰站观测系统能完整地布放。

Day 21

10 月 10 日

最后一个 L 站

北纬 85°1.82′, 东经 134°5.33′ –13.2℃

今天的重头戏是完成最后一个 L 站的浮标布放工作，我们的主要工作是完成无人冰站的布放。在 L 站布放的其实是无人冰站的一部分，就是光学海冰物质平衡浮标（Optical Ice Mass Buoy，OIMB），相对以往的海冰物质平衡浮标，我们增加了冰面、冰内和冰底的光学传感器、冰底海洋混合层的温度盐度，以及溶解氧和叶绿素等物理和生态传感器。无人冰站的另外一部分，D–TOP（Drifting–Top Ocean Profiler）剖面仪主要观测 100 米以浅海洋温盐结构，由于布放比较简单，主要在 M 站上布放。

吃完早饭就上冰了，一般 Tim 的物资会先运输，因为他们的设备布放流程比较耗时间。所以等我们开始工作时已经是上午 9 点多了。到中午之前才把浮标水下部分安装完毕。中午用 1 个小时简单吃了饭，就再次上冰开始工作了。今天是第一天进入极夜，早上 9 点到下午 3 点还是有亮光的，但就像傍晚一样，干细活就需要头灯或手电了。到了下午 2 点，冰上突然少了许多人，WHIO 负责 ITP 布放的队员吃完中午饭简单调试了一下设备，收拾完就回去了。Tim 的湍流浮标和 Ola 的气象站，可能是因为昨天做了一些准备，而且今天安装的传感器也比较少，他们也回去了。好吧，冰上工作的只有我们无人冰站布放小组了，6 个人，加上防熊队员和负责开雪地摩托的 MOSAiC School 的成员。舷梯也收起了，我们回去只能通过 Mammychair 了，雪地摩托也只剩下一辆了。领队一再问我们还需要多长时间，因为亮光越来越弱了，防熊压力很大，而且今天最低温度达零下 16℃，哪怕是中午时分也才有零下

11℃，防熊和开车的队员，在冰上也特别的冷。时间紧，无人冰站布放步骤繁多。说实在的，要是现在真来熊了，200 米外有一头熊在那站着也是看不见的。越是紧张，越容易出错，左广宇在检查数据之前甚至连铱星天线都没接。好在，整个系统大家还比较熟悉，在国内野外和实验室都组装过，在有限的时间里完成了整个系统的安装。其中光学部分最为复杂，存在传感器多，传感器测量姿态要求高，光纤线缆非常细等布放技术难点。安装的最后阶段，我们拧螺丝的劲都几乎没有了。没有光，开摩托车的 MOSAiC School 学生，来自英国牛津大学的 Sam 特地把摩托车开到我们的布放点并把车灯打开。下午 3 点半，终于完成所有布放工作，并且通过铱星电话确认国内已经收到观测数据了。大家简单庆祝了一下，就赶紧收拾物资回去了，雪地摩托和南森雪橇把仪器箱装完了，人就上不去了，只能徒步回去。不过，工作干完了，大家好像特别有劲。

回到住舱，刚把厚重的衣服脱下，洗了个脸，不幸的消息就来了，广宇跑来说，负责光学设备布放的王杭州手指肿了，不知道是被东西压到了，还是冻了。我第一反应，是冻了，要是压到了，在现场就应该很疼，而不是现在才发现。杭州布放光学设备很多时候都只能戴一副很薄的线手套，后来时间实在很紧，干脆就不戴手套了。我在现场，心里只想着早点布放完，也没顾得上提醒和照看。对于冰伤我是有切身体会的。2006 年在南极越冬的时候，当天大概零下 16℃。出野外，不戴手套的时间有点长，在现场就是手有点麻，也不知道疼。等回到站上，发现手疼起来，三个手指冻了，其中两个很快起了水泡，再后来，小手指局部还有一些肌肉坏死了，两个手指的指甲盖也掉了。至今，手指还有明显的伤疤。我看了一下杭州的手指，根据我的经验，还是比较严重的，尤其是小手指，起了明显的水泡。小手指离心脏比较远，而且平时干活用得不多，血管比较细，所以是最容易冻伤的。我马上叮嘱他，千万不能揉手指，不能用特别热的水洗手，否则脆弱的血管会受不了的，导致二次创伤。然后，带他去找船医。俄罗斯的船，医生自然是俄罗斯人，一位 50 多岁的老先生。他显得很有经验，毕竟俄罗斯国内可能就经常发生类似的事故。医生仔细看了一下，问了几个问题，手指有没有知觉？能握拳头并撑开吗？有感觉，比较疼，握拳头和撑开都没有问题。证明了肌肉没有坏死，没有大的问题。医生说，现在不能动手指，注意保暖，这个航次不能再出户外了，等明天观察一下再说，主要要看指甲盖颜色有没有变成紫色，水泡起得怎样等。杭州多少有些不安，毕竟没经历过这样的事情。我听完医生的话，再根据自己的经历，我判断杭州的小手指冻伤程度肯定没有我的小手指和无名指严重，但应该比我的中指严重。我也把我的判断跟他分享了，他才感觉好受点。煎熬的一宿过去了，第二天早上我看了一下，水泡确实严重，还好指甲盖血气还是很足的，说明供血没有太大问题。吃完早饭，他再找医生检查了一下。医生说水泡必须弄破，否则水泡会挤压血管。然后，在没有打麻药的情况之下，医生把水泡刺穿了，敷了一些药，说每天都需要换一次药，大概两周才能消肿。十指连心，疼痛是避免不了的，遭罪啊！今天，野外工作时气温大概零下 12℃，冻伤应该是午饭后的事情，连续工作了 3 个小时，好在时间不是太长，要是工作时间再持续 1 ~ 2 个小时，后果就不知道是什么样的了，也算不幸中的万幸吧，大家都一阵唏嘘。还好，这是最后一个 L 站，杭州的工作也完成了，他是要随着 Fedorov 回到特隆姆瑟的。

布放无人冰站 / 王磊 摄

Day 22

10 月 11 日

初战告捷

北纬 84°58.84′, 东经 134°29.54′ –16.4℃

今天气温比昨天还要低，这样的情形以后可能会经常出现了。最低气温零下 17℃，一个月之前在上海还是接近 30℃的天气，一下过渡到了北冰洋中心区域的极夜。今天风也不小，有 7 ~ 9 米 / 秒，所以体感温度接近零下 30℃。跟前几天一样，吃早饭之前，领队就通知我们要做冰站了，两个 M 站（7 号站和 8 号站），其中一个利用 Fedorov 靠泊浮冰开展，另外一个利用直升机支持开展。我需要通过 Fedorov 开展 8 号站的作业，主要任务是布放 SIMBA 海冰物质平衡浮标，给积雪浮标钻一个 80 厘米深的孔，给海洋温盐剖面浮标钻一个穿透的孔。相对前几天的工作，任务不算太重。但船靠上冰不一会儿，冰就裂开了，好在裂缝是顺着船身方向延伸的，搭上跳板冰站还能继续开展。所有下冰的物资需要第一时间转移到裂缝以外的浮冰上。所有下冰人员，连拉带扛，好不容易把物资转移好了。由于这个站要布放两个海洋剖面浮标，彼此之间不能相互干扰，所以有一批物资还得运输到 100 米以外的布放点。为了加快工作进度，领队临时决定下一辆雪地摩托。好在各个作业点都进行得比较顺利，从上午 8 点半到 11 点，两个半小时就完成这个 M 站的作业了。气温实在是低，大家的帽子上结满了霜，因为昨天发生了队员手指冻伤的事故，大家工作时都特别小心，哪怕再精细的活，也不敢光着手去干。中国海洋大学的李涛，为了保护传感器，也为了暖手，甚至自己做了一个保温袋，里面放了一些暖宝宝。

中午吃完饭不多一会儿，利用直升机开展的 M7 站的工作也完成了。这意味着所有计划内的 L 站（3 个）和 M 站（8 个）都完成了。并且在 DN 范围内一共布放了 42 个 GPS 浮标（P 站），从北纬 81° 至北纬 86°，在寻找浮冰做冰站的过程中沿途还布放了 7 个 GPS 浮标。Polastern 那边也同步开展了一些浮标布放工作。粗略统计在第一阶段的工作中，我们大概在 60 多块浮冰上布放了冰基浮标，这对于开展海冰动力学研究来说是十分有利的，在北极考察的历史上也是第一次。所以，完成 M 站的作业后，领队通过广播宣布 MOSAiC 浮标阵列（DN）的建设圆满完成，布放站点比计划的要多得多，领队的话语中充满了激动和骄傲。多个国家参与，几年的准备期，10 天的建站期，大家的努力得到了回报。下午的 DN 会议和全体大会，领队 Thomas 和 DN 组长 Tim 也再次向大家表示祝贺。不容易，这么短的建站时间窗口，其中有

M8 站的裂缝

一天下大雪，大家还坚持做了一个 M 站，有太阳直射的时间从开始的 5 个来小时到现在基本为零。Fedorov 后期还要完成与 Polarstern 之间的第二次人员和物资交换，一周之后必须往回走。完成了阶段性的工作，晚上自然会有 Bar night 庆祝会。来自美国科罗拉多大学的 Ola 教授曾经参加过 SHEBA 野外观测，Bar night 期间他特地穿了一件 SHEBA 的 T 恤，20 多年的 T 恤。他说很高兴看到相对于 SHEBA，MOSAiC 所表现出来的更广泛的国际合作，以及更先进的观测技术。毫无疑问，MOSAiC 的观测阵列相比 SHEBA 更加完善，这是北极气候研究的巨大进步。然而，浮标 DN 的构建只是 MOSAiC 的开始，主冰站的建设和 DN 的维护才是 MOSAiC 的重头戏。

站位信息的整理，初步观测数据的检查，航次报告的撰写，判断是否需要重返已有的 M 站和 L 站进行设备维护则是这两天大家需要考虑的事情。

Day 23

伸手不见五指

北纬 84°52.71′, 东经 134°2.18′ –10.9℃

今天一天都在下小雪，而且进入了极夜，所以外面一直都不是很亮堂，到了下午 4 点，外头就伸手不见五指了，这让我想起 2006 年在中山站越冬。中山站位于南纬 69°，极夜时间 58 天。极夜期间，要是没有照明设备在外面能工作的时间不超过 3 个小时，要是遇到下雪天，更是看不见。我们现在所处的位置是北纬 85°，极夜时间从 10 月 10 日持续到翌年 3 月 4 日。当然，

海冰是漂移的，随着向北漂移，极夜时间会略有变化。但无论怎样，在我们回去之前都不会再看到太阳了。我们计划 12 月中旬乘坐另外一艘俄罗斯破冰船 Dranitsyn 离开 MOSAiC 冰站。因此，我们大概要在北冰洋中心区域度过约 80 天的极夜。极夜意味着野外工作没有光，意味着寒冷，意味着北极熊来了也看不着，意味着可能看到极光。天气好的时候，月亮会比较明亮，北纬 85° 已经过了极光频发区域，但应该也是能看到的。在主冰站，离船 700 米范围，主要借助 Polarstern 的探照灯。但生物采样区域必须避免人造光源，作业区被分配到了黑暗区，也就是探照灯够不着的区域。去采样时也只能用带红光的头灯，不能用白光，要避开光合作用有效波段（400 ~ 700 纳米）人造光源对生物的影响，保持本底的生存环境。从另一个角度来说，生物采样区也是防熊压力最大的。极夜状态，对生物活动具有抑制作用，对人类也一样，晒不到阳光可能会产生诸多问题，缺少维生素 D，缺钙，精神容易紧张等。北欧地区的人们到了冬季，很多人都会休假，到南部地区去晒太阳，俄罗斯人就很喜欢到我国的三亚。北欧地区的极夜远远没有 MOSAiC 作业区长和黑。到了 11 月至翌年 1 月期间，MOSAiC 作业区甚至连折射光都没有。等待我们的是一个夜连着一个夜，准备好了吗？

■ 夜桥

今天，队上主要是休整，通过各种方式检查在浮标阵列上布放的各种浮标的观测数据。在浮标 DN 中，德国的浮标侧重观测海冰过程对生态过程的影响；美国的浮标侧重于在 L 站构建完备的气－冰－海界面物质和能量交换的观测系统；中国的浮标侧重于观测不同厚度的积雪和海冰热力学过程。主要是这三个国家参与浮标阵列的构建。美国队员有两位老先生参加过 SHEBA 项目，WHOI 的队员也具有丰富的冰上作业经验，整个过程都显得非常老道，充满了自信。德国队员个人能力都很强，Mario 一个人就可以顶三个人用，我们都管他叫 Super Mario（超级马里奥）。更搞笑的是，超级马里奥居然带了任天堂系列游戏到船上玩。我国尽管已经开展了 10 次北冰洋考察，具备了一些冰上作业的能力，但毕竟没有在冬季开展过北冰洋考察，作业过程中也出现了一些经验不足的问题。比如，杭州的手冻伤；布放的海洋剖面浮标，尽管布放过程还比较顺利，但竟然有 3 个浮标出现不同程度的技术问题，影响了数据质量；无人冰站的布放流程还显得比较混乱，没有做到尽量节省冰上的作业时间。在北冰洋科学考察和研究领域，我国还是一个发展中国家，但随着“雪龙 2 号”船的投入使用，我们将来是有能力开展秋冬季北冰洋考察的。MOSAiC 给了我们学习和能力储备的机会。我们参与第一航段的 12 名队员中，有 11 名是“80 后”，我们希望通过 MOSAiC 的锤炼，找到更多的科学研究增长点。

到目前为止，MOSAiC 也算完成了阶段性的工作。主冰站那边传来消息，冰站的框架已经大致构建好，雪地摩托行驶路线和作业站点的电网已经布设好了。大气、海洋、遥感、水下机器人和生态采样的站点已经明确，海洋和水下机器人的冰洞也基本上钻好。但现在起，还需要一到两周的时间才能全部完成主冰站的构建，正式进入越冬常规观测阶段。准备期，大家都觉得 MOSAiC 很难，涉及的国家、学科、作业内容和单位都太多了。实践中，不同国家不同单位的科学家表现出惊人的团结，不同意见都消化在了各种协调会上。在北极气候变化研究中，大家的基本认识是一致的，就是北极气候变暖是全球最明显的，也是气候模式预测最不确定的。MOSAiC 的队员正在用自己的努力降低气候预测的不确定性。

■ 依偎

Day 24

10 月 13 日

北极熊访问主冰站

北纬 84°54.00′, 东经 133°13.56′ –21℃

今天利用 Fedorov 临时做了一个冰站，除了防熊队员以外，只有 4 个人下冰，有 3 个人是做地球化学循环的，去采冰芯，还有一个是我，需要再布放一个 SIMBA 浮标。做站的浮冰 60% 是新冰，厚度只有 30 ～ 40 厘米，其余是经过夏季融化后残留的冰脊。然而，气温实在是低，大多时间在零下 20℃以下，最低达到零下 26℃，所以海冰很结实，哪怕是 20 多厘米厚的海冰，人走在上面也不会有太大的危险。由于气温太低，我在冰上不敢犹豫太长时间，选择了一个离船约 50 米的布放点，花了不到 1 个小时就把设备布放好了，手脚都冻麻木了。这种天气做冰站，在我们的北极考察中是从来没有过的。布放过程中，天昏暗得有一些小的操作已经有点看不清楚了，尽管才是中午 1 点。

这也提醒自己，下次再上冰一定要戴头灯。其实，每次作业，Fedorov 都会把探照灯打开，但也不可能兼顾到所有的作业点。

Tim带领他的团队到了MOSAiC主冰站安装湍流浮标,据说北极熊又来了。我们作业的这个区域海冰密集度也就是 90%，浮冰之间存在大量的水道，新结的薄冰也很多。这种区域很容易出现北极熊，因为有很多捕食的机会。希望随着气温下降，海冰封冻，熊能尽快离开这里；希望它们能尽快找到海豹，吃饱后尽快进入冬眠期。湍流浮标安装在大气观测站（称为 Met City），将和大气边界层观测一起构成界面通量的观测系统。大气观测站要避开船舶的影响，船舶顶部甲板离冰面大约有 30 多米，船体会严重影响大气边界层的结构。因此大气观测站离船也是比较远的，大约有 700 米。Tim 果然经验丰富，他们的团队非常熟悉北极熊的特性，直升机的巨响下，熊很快就走远了，短时间内它们不敢再回来。Tim 及其他队员，在防熊队员的保护下，抓紧时间完成了设备布放的工作。切记，北极熊靠近考察船时，是绝对不能喂它们的，否则它们会记住这里有吃的，还会回来。冰站作业，除非是应急，一般不让吃东西，因为北极熊的鼻子很灵敏，残余的食物气味，哪怕是作业的时候不来，过后也保不齐会来破坏设备。据说北极熊还喜欢血腥味，我国的北极考察，有一次有一个队员把手弄破了，设备上留下了一点血迹，熊来了，所有设备中，它就冲着有血迹的那个来，也就那个设备被破坏了。

海洋一所的设备出问题了，国内的负责人通过各种渠道给考察队发了很多邮件。要回收这套设备，需要把 300 千克的设备从冰里拔出来。连冻在一起的冰雪，可能会有 400 多千克，哪怕有很好的辅助工具，也需要 5 ~ 6 个人在冰上工作一整天。现在已经是极夜了，那里是 L 级冰站，不是主冰站，直升机根本不可能随意出行，人员也不可能在户外工作太长时间，相比较而言，前两天还不是很冷，已经把杭州的手冻坏了。又是邮件，又是铱星电话，一通解释，才把家里管这事的同事说服。设备再重要，但相对于人身安全，也是次要的，这也是极地考察的底线。但考察队也考虑到了相关队员的感受，同意在天气好的时候利用直升机访问该冰站，对设备进行简单的调试维护，如果 1 个小时内不能修好，也只能作罢。

Day 25

10 月 14 日

北极气旋

北纬 84°48.59′, 东经 131°57.41′ –14.7℃

受低压控制，气温一下子比昨天升高了 10℃。昨天是个下马威，10 月中旬，就零下 26 ~ 27℃，当然整个冬天不可能都是这么低的温度。温带气旋，主要是北欧海或北太平洋生成的气旋，要是进入北冰洋，就可能形成风暴，并带来更多的暖湿空气，同时伴随着升温、大风和降雪过程。最近几年，这种天气过程有所增加，可能与北极面向大西洋的扇区冬季海冰不断退缩有关。海冰减少了，海气热量和动量的交换会加强，这有利于气旋的形成或加强。所以最近几年冬季，哪怕是 12 月，1 月，北极中心区域都会出现气温接近零

■ 月亮与地平线的极星号

摄氏度的天气，对北极气候变暖放大起到了很好的促进作用。当然今天的低压过程不会有那么强，但好歹也对寒冷缓冲了一下。

到了晚上，天气特别的晴朗，5点钟月亮就出来了，又圆又大，银光洒影在海冰上，尽管海冰不是很平，但足以形成光影。冰上月亮还是在南极越冬时看到过，但南极考察站所到之处都是固定冰，与陆相连，几乎没有水道。这里是浮冰，冰间有错综复杂的水道，冰上还有纵横交错的冰脊，光影显得那么的不连贯。远处 Polarstern 的探照灯也亮了，像海平面矗立的灯塔，再过 3 ~ 4 天，我们就要转移到 Polarstern 正式开始漂流之旅了。

晚上吃的是饺子，当然是俄罗斯饺子，说不上好不好吃，但总比天天吃土豆强吧。饺子是猪肉馅的，没有白菜，显得有点腻味。船上居然有生抽，可能是为了照顾我们几个中国人吧，但没有醋。有些中国队员已经开始吃起带来的泡面了，我觉得还是吃正经的食堂饭菜好，毕竟营养能跟上。泡面是吊胃口，但没什么营养，本来就缺少阳光，再营养不足就麻烦了，所以我一直忍着没有吃泡面。

其实现在 Fedorov 的任务都已经完成了，再等两天，主要是要等主冰站完全建好，然后把建站的后勤人员撤离，才会给我们从 Fedorov 过去越冬的人员让出床位来。由于任务不重了，领队 Thomas 整个人都显得轻松了很多，全体会议，总是能蹦出几个冷笑话来。其实 Thomas 还是一个非常 Nice 的人，而且大家都是从事海冰研究的，很容易说到一块去。但至今我也不明白为什么在做 L3 站时，催我们回去催得那么紧，当然天黑得早，其他组工作完成了可能是一方面的原因。今天，跟 MOSAiC School 当天在驾驶台负责防熊瞭望的同学聊天才知道，Fedorov 靠泊 L3 站的当天晚上，船头方向的浮冰就出现了裂缝。到第二天中午，我们出去工作时裂缝已经发展成水道了。那天晚上，船是不可能再在那过夜了，工作必须当天完成，完不成恐怕要用直升机支持了，这样一来就会影响考察队的通盘计划。直升机一动，就会影响 M 站的工作。野外工作很多时候要看天的脸色，天气好了，冰况好了，危险状态还没来临时，我们必须多做点，工作赶在前头，后面才会游刃有余。尽管组织方式和处事方式不一样，国外的领队和国内领队都一样，首先考虑的是安全，然后才是考察队的通盘计划。

Day 26 10 月 15 日 冰站维护

北纬 84°46.35′，东经 131°52.33′ −20.4℃

今天，按计划，直升机会执行一系列的任务。清早第一架次是 Tim 先到主冰站，完成 AOFB 的设备调试，回来以后接着带队回 L1 站和 L2 站进行设备的检查维护，每个站可能也就是 1 个小时。每次直升机出去，无论事情大小，都马虎不得。所以昨天晚上就开了一个相关人员的短会，明确各个人回去 L 站的目的，工作需要多长时间，冰站、直升机和船之间怎么联络，防熊队员怎么配置，使用英文、中文和俄语的队员相互之间的联系有没有障碍，除了设备维护可能要用到的工具外，个人还需要带些什么应急物品等。领队确保所有事情都清楚了，才放心下达任务。

接到领队通知，我们 10 月 17 日转移到 Polarstern。转移之前，我们需要理清楚回国的物资以及转移到 Polarstern 的物资。回国的物资都要进集装箱，列出清单，从特隆姆瑟通过海运发货回上海。我和另外 4 名队员会到 Polarstern，其余 7 名队员随 Fedorov 回去。分别在即，大家各种交代，主要是离开的队员要跟留守的队员说明越冬期间一些还需要做的观测和维护；留守的队员希望让离开的队员回国以后做些什么事情等。到了 Polarstern，信息沟通就更加不方便了，那边为了保证主冰站观测数据与德国国内同步，卫星通信能力主要用在数据传输上，个人铱星电话是不能用的，邮件也只能发 50 K 大小的信息，在偏远的北冰洋中心区域，一切都开始进入静默期。队员左广宇，硬是缠着我讨论到了夜里 1 点，主要是担心我留在北极，他的论文

冬季的无人冰站 / Ola Persson 摄

没法进行下去，研究思路没人讨论。我说，你都快博士毕业了，应该有独立工作的能力。

今天早上检查数据时，发现无人冰站的积雪声呐出现了问题，本来打算分析清楚了，再跟领队商量有没有可能去 L3 站进行维护。等到晚上，经过讨论，判断是支撑杆往下滑动了，安装的时候太匆忙了，没来得及固定好。要是没有积雪声呐的数据，可以通过温度剖面的数据进行积雪厚度的判断，因此对整个系统的观测效果影响倒不是很大。但也觉得非常不甘心，毕竟把设备集成好，运输到挪威，再到北极，再完成冰上安装，太不容易了。因为得到结论的时间太晚了，不好找领队讨论，等第二天早上再向他汇报时，他说今天的计划昨天已经做好了，轻易不会改变，而且我们只有一天时间，很多事情都要做，只能是遗憾了，希望上了 Polarstern 能有机会到 L3 站进行维护。德国人办事，非常讲究计划性，轻易不会临时改变计划。就像德国足球一样，强调的是整体和纪律，队员们会严格执行教练的战术安排，这是与南美球队最大的区别。所以往后，有什么事情需要考察队支持的，一定要尽快跟领队讨论“战术安排”。

Day 27

10 月 16 日

主题是分别

北纬 84°46.87′, 东经 131°22.33′ −15.8℃

今天的主要工作是一部分人要去 L2 站进行设备维护，然后直升机还要执行 L1−L2−L3− 主冰站之间的 EM−bird 海冰厚度测量。后者是 MOSAiC 浮标阵列区域重要的背景信息，也就是说这里的冰厚和表面粗糙度概率分布是决定着未来一年海冰的热力学和动力学过程的重要因素。最后，不同厚度的海冰能长到多厚，什么时候会开始融化，什么时候会出现融池，冰场什么时候会发生破碎等。另外，分布阵列的冰站已经做完了，我们需要把后甲板的物资转移到前甲板，Fedorov 只有前甲板才有存放集装箱的底舱。Fedorov 的最大问题是，前后甲板是不能通过吊车连通的，前甲板处于第三层的主甲板上，而后甲板存放物资的主要是第四层的甲板，因为这里能与飞行甲板连通，而且有足够的空间对浮标进行调试。现在问题来了，后甲板的物资没法通过吊车向前甲板转移。小件物品还可以搬一搬，但很多大件的设备根本就搬不动，而且也没法通过三 / 四层之间的楼梯。要实现物资转移，我们必须靠到一块冰上，先把物资卸到冰面，然后再用前甲板的吊车吊到存放集装箱的底舱。某种意义上，海冰就是我们的码头，我们的泊位。

随 Fedorov 回去的物资都装进了我们的集装箱，满满一个集装箱，不过，跟来的时候相比，大多成空箱子了，浮标都布放到 MOSAiC 浮标阵列里了。中方，在浮标阵列里一共布放了四十多个浮标，另外有些浮标已经转移到 Polarstern 上了，供后续布放；MOSAiC 的其他航段，我们还会继续补充浮标。

最后，MOSAiC 航次，中方布放的浮标数量应该会大大超过我们以往北极考察布放的数量，这体现了我们参与国际合作计划和开展北极气候变化研究的积极性。

好吧，今天是最后一天在 Fedorov 住宿了，吃了将近一个月的俄罗斯菜，应该说到目前为止都还没有太多的不适应，下午茶是值得点赞的。如果一定要说，有什么不好的话，就是肉太多了。不但我们中国人觉得肉多，很多 MOSAiC School 的西方同学也觉得一个月吃的肉赶上一年的量了。一方面船上蔬菜不好保管，另一方面俄罗斯人兴许比较喜欢吃肉，毕竟俄罗斯国内的蔬菜水果大多是进口的。

今天的全体会议，主题是分别，把明天两船需要交换的人员以及物资次序安排了一下，我们到 Polarstern 去搭乘的直升机不是降落在直升机平台，而是主冰站适合 Mi-8 降落的厚冰区。因此我们还得等雪地摩托把我们送上 Polarstern。路途不远，但颇费一番周折。从国内出发，拎着大包小包地到了挪威特隆姆瑟。在那座小城，培训、备航和装船花了几天工夫，

■ 冰码头

好不容易上了船，没过几天就到了冰区。10 来天的忙碌，构建 MOSAiC 浮标阵列，这都还不是结束，而仅仅是开始，即正式开始北极两个多月的越冬观测工作，也不知道，两个多月后 Polarstern 和主冰站会漂到哪里。

晚上有 Bar night，算是给我们送行的。

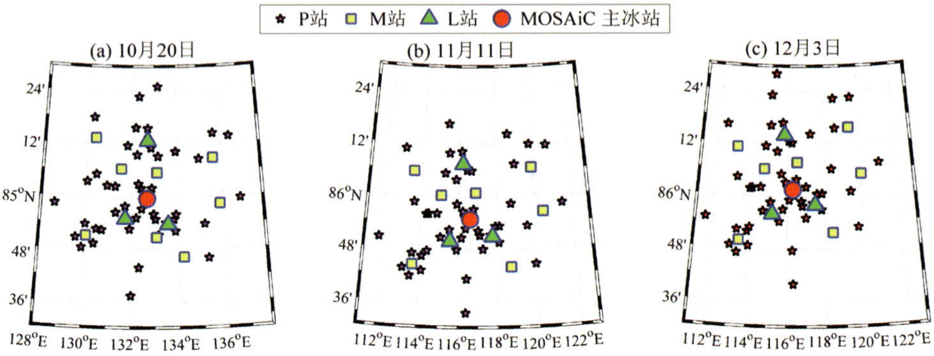

■ MOSAiC 浮标阵列的发展

第二篇

MOSAiC 浮冰站

2019 年 10 月 4 日 Polarstern 靠泊上了主冰站，开始了 MOSAiC 冰站的漂流之旅。10 月 17 日，我们中方的 5 名队员从 Fedorov 转移到了 Polarstern，正式开始参加 MOSAiC 冰站第一航段的越冬观测工作，分别被编排到了海冰组、海洋组、生态组和地球化学循环组。第二航段的队员随着 Dranitsyn 号破冰船于 11 月 27 日离开了特隆姆瑟港，但由于巴伦支海的超强风暴，Dranitsyn 船在特隆姆瑟锚地一直待到了 12 月 3 日，至 12 月 11 日进入 MOSAiC 浮标阵列区域。

Day 28

10 月 17 日

第一次转移

冰站漂流的第 13 天　　北纬 84°46′，东经 134°21′　–15.0℃

今天的主要工作是转移到 Polarstern。Fedorov 不是真正意义上的科考船，Polartern 则不然，它是全世界最为著名的极地考察船之一。因此，这次转移，对于我来说，也有一些小激动。在 Fedorov 期间，我的主要工作在 L 站，所以之前也没登上过 Mi–8 直升机。这次转移是由 Mi–8 直升机完成的，Mi–8 直升机体现出它强大的作业能力，零下 15℃，极夜，一点也没有妨碍它的正常飞行。转移的队员每 5 个人一组，我被分到了第二个架次。第一架次，直升机过去不多久就回来了，接回来的是要回去的队员。我们立马登上了 Mi–8 直升机，5 个人，行李大包小包的，还有一些小的设备，但机舱里一点也不显得拥挤。到了主冰站，降落的地点是离 Polarstern 大约 1.5 千米的冰面，这里被临时改造成了停机坪，周边安装了简易的降落灯。接我们的是 Allison Fong，一位华裔的美国人，她父母是香港出生的，后来去了美国，不过 Allison 一句粤语也不会说，因为她是在美国出生的。她只知道她的奶奶叫她“阿佩”。她背着枪，骑着雪地摩托，我们一下来，就指挥我们怎么往雪橇里装行李。第一感觉，真是个“汉子”。这也提醒了我们，主冰站作业大部分时间是需要科学家自己防熊的。穿过主冰站的观测区，经过 12 天的建站工作，已经有模有样了，冰上的电缆架设得很有序，大气站（Met City）、海洋站（Ocean City）和水下机器人观测站（ROV City）已经搭好了帐篷或营地。

利用 Mi-8 直升机转移

到了 Polarstern，首先是收护照，然后是找房间。E 层甲板通过了复杂而有序的实验室区，到了 C 层，就是我们的住舱了。船上的楼层是从上往下排序的，从 A 到 F。下午主要是熟悉和休整。晚上例会，MOSAiC 的首席也是第一航段的领队，提醒我们今天已经是 MOSAiC 冰站的第 13 天漂流了。由于惯性作用，存在 12 小时周期的运动趋势。尽管主冰站是我们所在区域最为厚实的海冰，但在 13 天里，船周边的海冰还是多次出现了裂缝，现在船头处海冰的裂缝已经很明显了，一下子把左右舷的海冰给分割成了两块浮冰。船上的大副给我们讲了安全须知，提醒我们时刻要注意“One hand with work, the other with safety”。生产和安全，两手抓，两手都要硬。副领队，Marcel 主要讲了主冰站的布置，以及目前的状况，冰上已经发现几道明显的裂缝了，这有可能是主冰站作业存在的最大风险；另外的风险就是北极熊。在这 13 天里，北极熊已经造访了2次。本来以为MOSAiC浮标阵列构建的任务就很重了，做完能轻松点，主冰站只是日常工作；到了这以后才发现，主冰站的工作更为复杂。日常是日常，但复杂的冰况，复杂的环境，怎么维持各项工作的日常呢？这是一项艰巨的系统工程。

Polarstern 的局域网，显然要比 Fedorov 好很多，里面的信息很丰富，足够我们消化好几天了。有了自己的个人信箱，不像 Fedorov 那样是共用的，当然，邮件的大小只能控制在 50 K。船上顶部甲板，有一个 24 小时不停旋转的高清摄像头，这很管用。将每帧画面提取出来，就可以还原 Polarstern 前面经历过的场景了，而且提取是自动的，对于科学研究也很重要，能完整地记录沿航线的冰况。

Polarstern 的伙食完全是西式的，德国风味的火腿和香肠很不错。相比较发现，俄罗斯饮食其实是介于中西方之间。Fedorov 上的炒饭、汤和饺子，中国人还是比较喜欢的，这些食物在德国船上是不可能有的。

明天早上，Fedorov 就离开了，Polarstern 要开始孤军奋战了，直到 12 月中旬，才有第二艘俄罗斯船来接应。

Day 29

10 月 18 日

初探 MOSAiC 冰站

冰站漂流的第 14 天　北纬 84°45.75′, 东经 133°2.47′　−15.6℃

今天的第一件事是安全培训，包括雪地摩托使用、枪支管理和防熊等。还好，之前在德国培训过射击，现在拿枪不那么发怵了。后勤管理人员规定，只有非常熟悉，感觉很好才可以拿枪。时刻要记住，防熊拿枪确保安全的三个关键要素：枪口不能对人，射击的时候要观测目标周边及后面有没有人；除非你准备射击了，否则手指永远不能放在扳机上；子弹要装上，但在射击前不能上膛。

下午开组会的时候，海冰组原来的临时组长 Stefan 还是非常 nice 的，主动提议，带我们参观海冰组可以用的实验室，并和负责遥感观测站（Remote Sensing site）的 Gunnar 一道带我们参观了主冰站上的所有观测站。穿好衣服，在冰上花了 2 个小时才把所有的观测站走了一遍。所有观测站都还在安装和调试当中，只是后勤的工作做好了，比如电缆的布放、电站的供电和供暖等。我们到 ROV 站（ROV City）的时候，Marcel 正在准备把 ROV 放到水里。我们海冰组的新任组长 Jari，兴致很高，希望留在那看完 ROV 第一次下水实验，但迫于防熊压力，Stefan 要求早点回去。从整个冰站的布置可以看出这两周里 Polarstern 上的队员是多么的努力和用心良苦。当然，逛了一圈，也发现，冰站周边危机四伏，气象观测站往外不到 20 米，一道裂缝已经逐渐发展成水道了，硬是把主冰站和 ROV 观测站分离成了 2 块浮冰。

今天和明天，浮冰站主要受到来自巴伦支海的低压影响，与位于格陵兰

■ ROV 的灯笼帐篷

北部的高压配合，促进了穿极流的加速，浮冰站今天就有向北漂移的趋势。这让领队很高兴，因为最近几天，海冰不断往西南方向漂移，这跟穿极流的方向几乎相反。好事有时候也容易变成坏事。大自然是猜不透的，风起来了，ROV 测点所在的浮冰与主冰站越来越远。晚上，负责 ROV 的 Marcel 带领他的队伍准备出去营救 ROV。可是，水道越来越宽了，摩托车已经过不去了，人和 ROV 只能隔水相望，从主冰站到 ROV 的电缆已经被拉断了，本来 ROV 的帐篷像个红灯笼似的立在那，一下子消逝在极夜的暴风雪里。Marcel 只能放弃了，等明天看风雪能不能小一些，要是直升机能起飞，还是可以把设备救回来的。

今天，我也把我们装在船上的设备启动起来，开始观测了。这是一台与北大遥感所的老师合作安装的设备，主要利用 GPS 等导航卫星信号到达冰面的反射机理得到积雪厚度，观测的朝向是主冰站的相反方向，那里的海冰主要是 30 ~ 40 厘米厚的新冰。由于北极的海冰越来越薄，积雪在海冰物质平衡中扮演着越来越重要的角色。积雪可以使得海冰表面被压到海平面以下，引起海水倒渗，形成湿雪层，最后冻结成冰。从热力学角度来看，北极的海冰越来越像南极的海冰了。

Day 30

10 月 19 日

海冰动力过程

冰站漂流的第 15 天　北纬 84°55.38′, 东经 133°11.28′　−17.1℃

今天考察队的主要难题是怎样把 ROV 及其相关的控制舱收回来，因为布放 ROV 的浮冰已经完全与主冰站分离了，并且已经漂到 Polarstern 的左舷去了。从船基雷达看，主冰站也受到了与船舶方向垂直的压力影响，风向再变化的话，压力释放，海冰就很容易开裂。做海冰动力学的 Jari 一再提醒大家，要做好心理准备。不布放设备，一点数据也没有；布放了设备，谁知道会不会像 ROV 站点那样与主冰站分离呢？还好，动用了直升机、橡皮艇和雪地摩托，终于把设备收回来了，只留下了红灯笼帐篷、冰洞及其盖板。红灯笼帐篷里面没有灯了，也就没有了红灯笼的效果。

低压进入作业区域的南部，与格陵兰北部的高压配合，使得穿极流加快，今天冰站向北漂移了 8 海里。按照这样的速度，第一航段结束，在我们离开

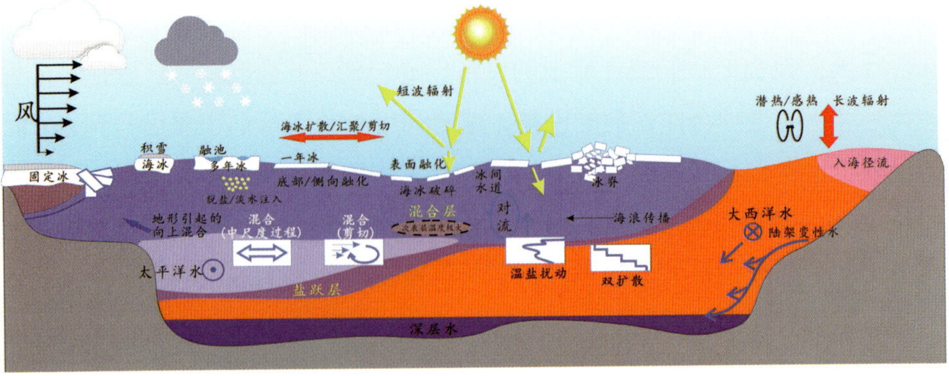

■ 北冰洋气 − 冰 − 海相互作用机制

■ 气象观测站出现裂缝

的时候冰站就有可能漂到北极点了。当然这期间还会受到不同天气系统的影响。漂流过程，浮冰之间受力不平衡，而且受到科氏力的影响，海冰之间不断地发生相互碰触，单块海冰本身各部分受力也不均一，自身会发生旋转。诸多因素影响下，冰场会发生形变、汇聚或扩散、剪切或涡旋；单块浮冰在平移中也会有旋转，甚至破碎。冰与冰之间挤压会形成冰脊，海冰破碎撕裂会产生裂缝和水道。冰脊比较厚，而且内部会夹杂海水，热力学生长率会比较小，总体上对海冰物质平衡的贡献没有平整冰大。水道新冰生长速率很快，相对平整冰，对产冰量的贡献更大。最近几天，风速加大，而且风向明显不同于前几天，所以冰场形变也在加剧，主冰站本来建在一块直径有 2 ~ 3 千米的浮冰上，现在这块浮冰已经被撕裂了三分之一了。

下午 4 点到 5 点，我作为志愿者，参加了驾驶台看熊值班。看熊，看似简单，但需要非常仔细。我负责的是从早上 6 点方向到中午 12 点方向的瞭望，也就是左舷半区。每次瞭望，按时钟方向扫描，每个方向从天际线到船边，主要关注作业区，每隔 10 分钟瞭望扫描一次。即便借助船舶的探照灯，远处也很难看清楚，只能是尽力而为，但也不敢掉以轻心。船上有一个红外摄像头，但只是朝着一个方向的，只有锁定目标才能派上用场，所以主要靠望远镜瞭望。每个作业点都配有防熊队员，队员是接受过射击训练的。驾驶台瞭望和冰面防熊，都是自愿报名，每天的例会，每个岗位自愿去的人可以举一下手。冰面防熊岗位响应的人不算很积极，主要是大家都有自己的工作，而且对射击没有那么大的把握，但为了避免尴尬，大家也会把每个岗位填满。另外，驾驶台还有一位负责总协调的后勤组队员，冰站的所有信息，需要通过对讲机向协调人报告，防熊队员领取或归还枪支也需要经过协调人。

下个星期就可能逐步开始日常观测，每半天为一个单元，一个星期为一个周期，要完成冰芯采集、海冰动力学过程观测、冰厚观测、积雪观测、表面粗糙度观测和 ROV 观测等工作。明天就要进入紧张的准备期了。

Day 31

10 月 20 日

直升机驱熊

冰站漂流的第 16 天　北纬 84°58.17′, 东经 132°47.17′　−12.3℃

今天中午，Marcel 跟我说下午应该可以飞行，围绕着主冰站布放 5 个浮标，以方便观测主冰站周边海冰的动力学形变过程。根据要求，我 12 点半就到了飞行甲板。因为我还没有坐过 Polarstern 上搭载的直升机。一到甲板，先是进行了 15 分钟的安全培训，包括带通话系统的安全帽怎么戴、安全带怎么系、进出舱门怎么走、在冰上降落以后要注意什么等。把货装上，一切准备就绪，一个小时也就过去了。

直升机起飞后，我告诉机长先到哪个布放点，结果，机长根本不听我的，往主冰站直飞过去，然后直升机头部一直都朝着冰面。后来才搞清楚，原来是发现北极熊了，直升机要把熊驱赶走，冰面上的队员才好开展工作。直升机来回转着脑袋飞，我们坐在后面也不知道发生了什么事，好不容易把熊驱赶到安全区域，机长才问我，要到什么地方去。从 Polarstern 往北 2 千米，说了半天机长才明白，因为他们习惯用海里，2 千米，是差不多 1.1 海里，他自己一边说一边算，终于搞清楚了，我们也到地方了，2 千米，对于直升机来说就是一小会儿的工夫。结果，刚要降落，机长说直升机有点小问题，不好在外面多待，然后就往 Polarstern 飞去了。回去以后，机长说是小问题，让我们一刻钟之后再来。再来的时候，又说零件要找一下，让一个小时之后再来；然后再来的时候，说取消飞行了，因为下雪了，能见度非常差。

忙乎了半天，就是坐直升机观光了一下主冰站，然而是极夜。除了冰上各个站点的灯光外，什么也看不见，只好等明天了。

晚上的组会，大家讲了一下明天的工作安排。现在，例行日常观测还不能进行，大家的工作大多还只是安装设备。我最着急的是把之前从特隆姆瑟装到 Polarstern 以及 Fedorov 转运过来的设备找齐。有一部分设备还在冰面上，当天到 Polarstern 后，大家只把行李带上了船，大件物资都还留在冰上。今天忙乎了半天直升机的事，也没有机会上冰，当然也不知道是不是已经被搬上船了，我只能四处寻找。各种实验室和各种集装箱都翻了一遍，还是没找到。物资转运，最怕的就是人货分离，人到了货却不知道在哪儿。

漫步

Day 32

10 月 21 日

穿极漂流

冰站漂流的第 17 天　北纬 85°4.18′, 东经 132°44.45′　–9.2℃

今天终于向北漂回到北纬 85°，最近几天观测区主要受南风和东南风影响，穿极流很给力，一路向北。船上的导航仪显示，按照目前的速度，我们只需要 20 多天就可能到达北极点了。当然，风向说不上什么时候就改变了，哪怕往北走，也难保证一定会漂流经过北极点。领队看到浮冰这样的漂流趋势，自然很高兴。海冰动力学模式以及卫星遥感的历史数据都表明，主冰站的作业区是最有可能经过北极点附近区域，最后漂流至弗拉姆海峡的，尽管不确定因素还有很多。

中午 1 点北极熊又来了，准备出去上冰作业的小组，只好推后。我们本来已经坐上直升机准备起飞出去布放浮标，被紧急通知先下来，直升机的首要任务是撵熊。就这样，又等了一个小时，到了下午 2 点来钟，天就黑得不行了，只有南面的天边有一些余光。Marcel 说是不是天太黑了，但机长很给力，说离船不到 2 海里，而且直升机自带探照灯，应该没有问题，现在能见度还是可以的，所以就起飞了。按照计划在 Polarstern 的周边布放了 5 个浮标，分别位于 4 个方向 2 千米的浮冰上以及 ROV 观测站。一切进行得还比较顺利，但有一件事让我很困惑，浮标是新买的，跟老款的样子不同，没有外置的天线，我一直以为浮标底部的白色盖子是保护天线的，就把它当作顶部了。在冰上搬运浮标的时候才发现，不是那么回事，白色盖子可能是配重保持浮标不倒的。怎么办，直升机起飞之前没有多问一下 Marcel，自认为，GPS 布放不会有任何纰漏。于是就赌一把，把白色盖子还是当作天线。布放回来，Marcel是各种的祝贺之词，因为我们不但布放了5个GPS浮标，还收回来了两个AIS导航系统。但我心里还是忐忑不安，问了Marcel，确认我的赌一把错了，心里就更加的不安了。赶紧发邮件问了学生，学生也不知道怎么搞的，回邮件总是说一半，数据也只发一半，不安又增加了。好在，最后确认，尽管倒置了设备，但信号没有受到影响。大意使不得，野外工作没有后悔药，我们不可能为了几个浮标，再次动用直升机，况且在黑暗中，找几个小黄球也是很困难的。小心，小心，再小心；人要安全，设备要安全，数据要安全，在野外工作，只能这样不断地提醒自己。

到现在，MOSAiC已经在70多块浮冰上布放了各类浮标，这在历史上还是首次有这么大规模的海冰浮标阵列。

■ 探路

Day 33

10 月 22 日

北极考察的奥林匹克

冰站漂流的第 18 天　北纬 85°12.49′, 东经 131°51.52′　–9.3℃

今天，浮冰还是继续往北漂，一天漂了 10 多海里。风把冰都往船边上挤了过来，看上去从船两侧的海冰都能下去了。Marcel 把冰站的布置图更新了一下，组长 Jari 在组会上讨论了一下是否可以把观测区域往两边拓展。考察队从安全考虑，10 月 24 日起拟开展的规则观测还是先从主冰站这一侧开始，等海冰稳定下来了才考虑往外拓展的事情。现在海冰看起来是连片的，但事实上海冰之间的裂缝并没有冻结起来，只是被雪盖住了，看起来都是白色的。海冰组的会议，把这一周的规则观测内容和参加人员名单都初步敲定了。我主要参加两项工作：星期四参加断面积雪和海冰厚度的观测，星期六参加遥感设备的安装调试。星期五可能会去防熊。刚开始，大家都需要磨合，下一周需要适当的调整轮换。在主冰站，我的工作不多，主要是学习，很多工作

■ 鸟瞰冰站 / Stefan Hendricks 摄

都在浮标阵列构建中完成了。对于从事北极海冰物理学研究的科研人员来说，MOSAiC 就像是奥林匹克，这里聚集了全球最顶尖最活跃的海冰物理学家。参加海冰组不同航段的科学家来自德国、美国、挪威、芬兰、俄罗斯、英国、加拿大和中国等国家，我在这里算年轻的，而且我们开展北极海冰研究也比较晚，所以我更多的是学习。

今天又重新接受了一次用枪的培训，确保所有注意事项都记住了，才报名参加了明天的防熊。要是天气好，一天一个作业点最多需要 3 名防熊队员，一个人大概 2 个小时，所以防熊队员的需求很大。后勤组，专业防熊的只有 8 名队员，其他人都是志愿者。星期四开始规则观测以后，同时开展的作业点还会更多。要记住的是，主冰站周边是有熊的，10 月初建站的时候是一对熊母子，这几天就换成一头单独的熊了。已经用直升机驱赶了两天，也不知熊还会不会来，要是熊还想跟着 MOSAiC 冰站一直漂流，那就麻烦了。这次培训，相对上次，增加了拿枪和换枪过程的演练，告诉我们从哪拿枪，拿完之后怎样下到冰上去，回来应该怎么办等。

下午，Gunnar 在实验室装设备，抱着学习的心态，跟他一起干了一会儿活。那是一个移动式的 L 波段的遥感地面验证观测设备，装在一个木制的雪橇上，像圣诞老人用的那种，只是更加结实一些，而且各部分细节都根据安装设备的需要进行了局部设计。德国的教授们，似乎动手能力都很强，设备很流畅地调试好了。

今天，没有上冰，没出什么汗，感觉浑身没劲，吃晚饭的时候，Jari 提醒我今天是男生的桑拿时间。Jari 是芬兰人，是我的博士后导师张占海研究员的同学。芬兰人对桑拿的喜欢程度可能跟我们喜欢吃烤串一样，时间长了不享受一把，就浑身没劲。Polarstern 的桑拿每逢星期二和星期五对男生开放，星期一和星期四对女生开放。晚上，我和北师大的王磊也去桑拿享受了一下，主要是出了一些汗，舒服多了，要不然，一个冬天下来，都不会出多少汗。

Day 34

10 月 23 日

第一次防熊

冰站漂移的第 19 天 北纬 85°19.10′, 东经 130°29.69′ –11.9℃

人算不如天算，清早起来发现船尾舷梯下面的海冰裂开了。据说昨天夜里驾驶台值班的船员发现后，立马组织人把舷梯附近的物资，包括雪地摩托和雪橇都撤离到了安全区域，忙乎了半个晚上才结束抢险工作。早上，考察队的几位关键人物，船长、领队、副领队以及后勤总管，匆匆忙忙吃了几口早饭，就到会议室召开协商会议了。根据早上的观测，以及海冰动力学专家 Jari 的讲解和判断，今天的风向不至于把破碎的海冰进一步分离开，队员上冰，还是安全的。所以考察队决定今天上午 9 点半后可以上冰，地球化学循环组的队员还应该趁这个机会从开裂的冰缝中采集样品。就这样，各个作业组的队员陆陆续续到冰上开始工作了。在风险评估中，领队充分听取了海冰专家和后勤人员的意见，队上的后勤人员是国际上聘的，都是北极野外探险和作业的高手。AWI 为了完成 MOSAiC 这项伟大而复杂的北冰洋科考项目，可谓是满世界地寻找人才。后勤人员大多来自挪威和芬兰等北极国家，原来在 Fedorov 做海冰服务的是俄罗斯的专家，是世界气象组织海冰术语定义的专家，Fedorov 上的翻译是精通俄语、德语和英语的海洋生物学家。从某种意义上说，AWI 用了最大的努力组织 MOSAiC 这个航次，就像主办奥运会一样组织着这次庞大的国际合作北极考察项目，从而也大大提高了德国以及 AWI 研究所在北极科学研究中的地位和话语权。

参加 MOSAiC，各国的科学家都从不同渠道申请了科学研究经费，因此

■ 舷梯下的冰面裂缝

谁也不敢在船上怠慢，不能对不起政府和纳税人给我们的支持。海冰尽管裂开了，但还是比较稳定的，船员搭上临时的木桥后，下午上冰工作的队员就更多了。ROV 组甚至到了薄冰区尝试拯救 ROV 的测点。我作为防熊队员到了海洋观测站。以前，都是别人给我们海冰作业人员防熊，这次终于体会到防熊工作的艰辛了。根据前几天的观测，北极熊很有可能还没有走远，所以谁也不敢大意。防熊其实要比工作辛苦，因为很没意思，又不敢分心，站在那不动的话，身体更容易发冷。气温将近零下 12℃、风速 9 米 / 秒，体感温度接近零下 25℃，在那站了两个半小时，用具有测距功能的望远镜在我负责的片区来回扫描，这就是防熊工作。好在，下午 2 点多，直升机就起飞了，对主冰站进行了进一步的扫描侦察，并没有发现熊。有了直升机的侦察，我也放心多了，毕竟熊要再来，还是需要一些时间的。防熊回去，自然是冻得手脚发麻，脸蛋通红。在船边，发现船与冰之间的锚碇桩重新打了，原来打的桩已经因为海冰破碎失效了。现在这种情况也不知道能维持多久，或许需要一个没有强风的低温过程，这样新冰才能固结起来。

Day 35

10 月 24 日

常规观测期

冰站漂移的第 20 天　北纬 85°24.63′, 东经 128°50.56′　−13.4℃

今天，因为进入常规作业期，上冰的人数明显增多了。每个作业组上冰前，都需要与驾驶台指挥部确认，作业人员是谁，防熊队员是谁，到什么地方去，对讲机是否通畅，是否带了应急包等。我被分到了 ROV 作业组，这个组的工作点最远，在船的另外一侧，昨天看，观测站是可以到达的。早上 9 点，物资准备好，枪拿好，雪地摩托车和雪橇弄好，就出发了。组长是 Marcel。雪地摩托从船尾一侧转悠了半天，过了 2 道几乎闭合的裂缝，就再也过不去了。横在车前的是一条水道，有 7 ~ 8 米宽。Jari 开玩笑说，我们还需要一条小船才能过去。当然，领队是不会容许我们这么干的，真过去了，水道有可能进一步扩展，就回不来了。所以 ROV 作业只好放弃了。好吧，上午只能是休息了，其他工作组的工作都按计划有序地进行。

中午吃完饭，我参加的是断面观测组，组里有 4 个人，分别是测冰厚的、测雪厚的、开车带竹竿插旗做标志的，以及防熊的。断面观测组属于移动作业，离中心固定观测区有 1 千米，观测断面跨过了复杂的地形，最高的冰脊超过了 1 米。防熊是最大的问题，我们离开船最远达到了 1.5 千米，船上的探照灯根本就够不着，还是靠头灯。头灯能照亮的最大距离只有 50 米左右。大部分时间，我是负责防熊的。在黑暗中，用微弱的头灯灯光和摩托车灯光不断地向四周的冰面侦察，有时候灯光打在人身上产生影子晃动一下，我的心就咯噔一下。熊啊，你老人家还是好好冬眠吧。自从前几天被直升机赶走后，北极熊真的没有回来了。希望还是各走各路吧，大家互相不干扰，相安无事。

断面观测从下午 1 点持续到了 4 点半，摩托车只是为方便运输设备和竹竿，观测的队员都只能走了，防熊的人当然也是走。防熊队员身上会配备 1 支来福枪及其 10 发子弹，1 支信号枪及其 12 发子弹，以及望远镜和头灯等。穿得也多，所以极其笨重，2 ~ 3 千米走下来，浑身都是汗，尽管气温已经零下 12 ~ 13℃了。回到船上的住舱，肩膀特别酸。毕竟我们都不是士兵，除了培训外，平时几乎就没有摸过枪。来福枪半天背下来，在深一脚浅一脚的冰雪面走上 2 ~ 3 千米，还是有点受不了，极夜防熊，压力很大。

晚上开例会的时候，各个工作组汇报了一下各自的进展情况，都还比较正常。气象塔基本上搭建完成了，冰下鱼类视频监控系统也开始工作了，海洋观测站的 CTD 正式下水并为生态和地球化学循环组提供了水样，遥感观测站的设备越来越丰富了，海冰组上冰的人最多，达到了 13 人，完成了多个浮标的安装和断面观测等。可以预见，1 年后，我们将会获得极其丰富的观测成果，但也可以想象，这 1 年里，我们还要面临诸多挑战，海冰、风暴、寒冷、极夜、北极熊，一样都不能大意。

船周边的海冰裂缝每天都有变化，有时候会进一步扩展，有时候会闭合一些，有时候又有新的裂缝产生，薄冰区总有几片海冰从主冰站裂开。全船人都很关心这块浮冰未来 1 年的命运。MOSAiC 有官方的博客，参与 MOSAiC 的各国科学家及其家属也都十分关注这块浮冰，他们可以从博客上知道这块浮冰的状况。这有可能是北冰洋至今布放设备最多、受到人们关注最多的一块浮冰。科学家都寄望于在这块浮冰上的观测数据能推动北冰洋气候、海洋和生态过程的研究。

■ 积雪采样

Day 36

10 月 25 日

海冰的起伏

冰站漂流的第 21 天　北纬 85°26.54′, 东经 128°5.23′　–16.3℃

今天风也不大，不是满月，但天空很亮，星光不算闪烁，但也不少，比较适合野外作业。现在已经进入极夜了，也就是中午几乎也没有折射光。早上的 ROV 还是不能作业，冰缝太宽，人过不去。下午，我参加激光雷达扫描组，主要是对冰雪面起伏形态进行定量的刻画。冰雪面起伏的成因包括海冰相互碰撞形成重叠冰和冰脊，或者风吹雪遇到不平整的海冰导致积雪厚度不均匀等。冰面的起伏决定着表面的粗糙度，海冰漂移的最主要贡献是风应力，后者不但取决于风速大小，还取决于表面粗糙程度。激光扫描要覆盖整个主观测区和一些特殊的区域，每 1 ~ 2 个星期重复观测一次。一些特殊的过程，比如风暴或者强降雪，都有可能引起冰雪面起伏的变化。一个观测站，大概能扫描 200 多米半径的区域，观测时人要躲着扫描仪，否则就把人给扫描进去了。当然，一些“人造景观”是会出现在成图里的，如架设的电缆、帐篷和雪橇等。这些景观可以作为地物对成图坐标进行订正，但在数据处理时是要剔除的。Ian R（Ian Raphael，在船上我们都叫他 Ian R，因为还有一个 Ian, 那位叫 Ian B, 也就是 Ian Brooks）是这个航段这个项目的负责人。他是一个很有趣的挪威人，在美国上学。每个观测站，进行观测的时候，野外工作电脑一开，他就会把音乐打开，一边观测还一边晃动着脑袋。下午的观测从 1 点开始，4 点结束，结束时，我手脚都没劲了。Ian R 把东西收拾好，仍在哼着小曲，轻松惬意，好像并没有上冰工作过一样，其实整个观测期间，他的工作要比我繁重得多。

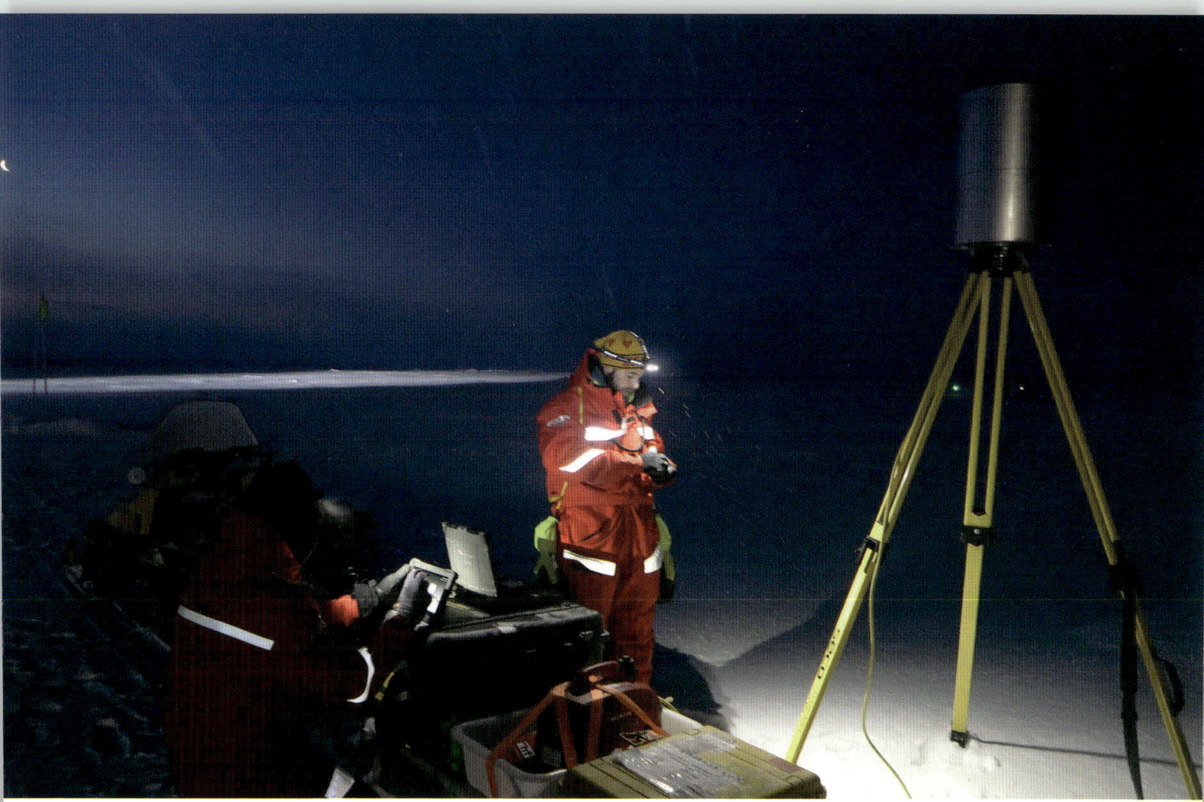

冰面起伏观测

从 Ian R 身上看到了乐观，同时 Ian R 也是个很细心的人，作业前各项工作都准备得妥妥的。出去之前，他带了一大桶淡水，我问他是用来干吗的？他说到了现场，你就知道了。后来才知道，做标记用的杆子通过钻孔插到冰洞后，要让它迅速冻起来，就得用淡水。要是冰洞没钻透，不会冒出来多少水；要是钻透了冒出来的也是海水，而淡水更容易冻结。

海洋二所的任健今天特别的开心，因为他主要的工作完成了，第一次实现了冰上布放沉积物捕获器。不过整个过程还是比较曲折的，布放点选的冰比较厚，有 80 ~ 90 厘米，电链锯刚好能够着，但锯出来的海冰块头都太大，从冰洞里掏出来可不是件容易的事情。据说 5 个人花了两个小时才干完这件事情。好在，后面的布放过程还比较顺利，基本是按照原来的布放方案进行。中国人的团队，本来就是抱着学习的心态参加 MOSAiC 航次的，毕竟我们冰雪作业经验相比欧美科学家还是少得多。但在航次中，我们也用行动，一次次地把方案变成现场的作业成果，为 MOSAiC 增加了不少色彩。

Day 37

10 月 26 日

冰应力

冰站漂流的第 22 天　北纬 85°27.09′, 东经 127°33.05′　−20.4℃

今天参加的项目是安装冰应力浮标。所谓的浮标，就是对冰应力进行原位观测，这是 Jari 的项目。之前，我也看过别人在渤海冰区做过类似的观测。我们这次安装的地点离船很远，已经超过直升机的降落点了。Jari 果然具有丰富的经验，在之前的断面观测时已经大致选好布放点了。海冰互相碰触，冰内部会产生很大的应力，没有完全冻结的冰脊区是最容易产生进一步变形的区域之一，所以安装点都选择在冰脊前的平整冰上，海冰厚度 50 ~ 60 厘米。传感器要整个埋在冰里，大约 20 厘米，垂向安装。传感器测量的是与长轴垂直平面上 X 和 Y 轴向的应力，所以传感器安装时的方向必须记录下来，这样以后的观测数据才能与具体的天气或海冰事件联系起来，比如风应力与冰脊走向垂直，很有可能在风来的方向产生很大的应力分量。这次一共安装了两套设备，整个安装过程还是比较顺利的。唯一比较难受的是，来回路途加起来大约有 4 千米，货物比较多，我是坐在雪橇后端的，雪橇经过了复杂的冰脊区，颠簸颠簸，快把小腰板颠散架了，精神一点也不敢放松，两手要紧紧抓住雪橇，否则就会被颠到雪地上。

持续的低温，再加上这两天风减弱了，船周边的海冰似乎稳定了许多，原来裂开的冰缝现在都冻上了，尽管冰厚还不是很厚，但低温使得薄冰也具有足够的承载力。ROV 观测站已经可以够得着了，人可以过去了，Marcel 将其命名为 ROV Oasis。各个作业点的工作有序地开展着，主冰站每天都会多

一些设备，已经很有规模了。要是北极熊再也不来骚扰，海冰不破碎，其实寒冷和极夜并不那么可怕，北极熊和海冰才是冬季冰站作业最大的危险源。

全体会议上，领队 Markus 给我们讲了今年北极海冰的总体情况，夏季最低值只比 2012 年高一些，然后进入 10 月海冰增长十分的缓慢，现在北极海冰面积甚至比 2012 年还要小很多。联系到 MOSAiC 冰站周边的冰况，冰站的冰厚已经是百里挑一了，但其实并不厚，平整冰大多在 50 ~ 100 厘米之间，周边的海冰则很多是秋季以后才冻结的海冰。可想而知，北冰洋的海冰已经变得越来越少，越来越脆弱了，海冰正在诉说着气候变暖的事实。船上有一个比较大的项目，就是北冰洋中心区域的渔业资源调查，调查的手段包括船载的鱼探仪和冰下安装的 FishCam 视频监控系统，以及通过冰底长线钓鱼的方法捕获鱼类。

北冰洋中心区域是深海盆，冬季被海冰覆盖，没有光缺少营养，应该说鱼类还不足以构成资源。然而，气候变暖和海冰减少是很有可能引起北冰洋生态系统，乃至小型鱼类发生蛛丝马迹的变化的，要想掌握这些变化，离不开观测。海冰的快速减少又使得这里的气候、海洋和生态系统等会发生一连串复杂的变化，我们浅薄的认识还没来得及补充完整，更跟不上快速变化的节奏了。研究北极的科学家，做出了极大的努力，共同完成这次 MOSAiC 一年周期的漂流观测，对于认知北极来说无疑是积极的行动，但对于偌大的北冰洋来说，这似乎还是不够的。应对气候变化，我们还需要做出更多的努力。

Day 38

10 月 27 日

不能休息的星期天

冰站漂流的第 23 天 北纬 85°29.87′, 东经 126°51.481′ –25.2℃

今天是星期天，按照考察队的规定，可以休息，但因为大家作业的开展程度不一样，所以大部分队员并没有休息。海冰组今天把未来一周的工作安排了一下，其中星期一我是负责采集冰芯。采集冰芯我已经有将近 14 年的经验了，但以往都是只做海冰物理性质的研究，所以一次采集冰芯的数量并不多。这一次，冰芯作业组需要在一年冰和两年冰两个作业点同时开展工作，一个作业点 5 个人；每个作业点采集的冰芯需要同时满足海冰、生态和地球化学循环 3 个学科的观测需求，参数表里大概有 30 来个参数，每个参数至少需要一根冰芯。为了节省时间，5 个人到了现场只能是流水线作业。为了确保作业的流畅性，负责冰芯采集的生态组组长 Allison 今天一天组织了三个会，主题分别是参数优化、现场角色熟悉、工具熟悉和演练等。生态组的观测，几乎 90% 都依赖于样品，不是海冰样品就是海水样品，所以他们对冰芯极其重视。温度、密度、盐度和层理结构等冰芯的物理性质既能反映出海冰的生长历经过程，又能决定着海冰的其他性质，比如海冰热力学性质、力学性质以及光电性质等。考察队对冰芯采集的工作也很重视，特意允许我们明天早上可以提前下冰。天气预报说，明天温度可能会低至零下 25℃，加上 8 ~ 10 米 / 秒的风，体感温度可能会低至零下 40℃。晚上 9 点，才把明天采集冰芯用的所有物资准备好。

这样的低温，其实我是有点担心我的手指，多穿衣服，穿上两双厚袜子，

■ 海洋观测站 CTD 出水 / 蓝木盛 摄

戴上两副手套，工作流程等，在睡觉前好好想了 20 分钟。手指要是再出问题，肯定会很麻烦，甚至保不住，毕竟 13 年前在南极受伤的时候，血管已经受到极大的损伤了。现在别说北冰洋中心区域的冬天，哪怕是上海的冬天，有时候也会感到疼痛。晚上在担心和辗转中睡着了，还好，没有因为过分担心而失眠。Allison 一再交代，明天早上 8 点集合。

今天，除了忙乎明天采集冰芯的事情外，海冰组还把物资重新整理了一下。MOSAiC 航次 2 ~ 3 个月会换一批人，换人时，交接班时间可能只有 2 ~ 3 天，很难做到什么事情都交代清楚。很多物资是第一航段从特隆姆瑟上船的，可能后面几个航段再用。比如浮标，第一航段布放完以后要等到第三航段有阳光了，直升机能飞了，才会再次布放。人员轮换后，负责同一件事的科学家不但不是同一个单位的，甚至可能不是同一个国家的。所以每个存放点的物资必须清楚，进出库都要有记录，否则，最后谁也不知道还有多少物资，多少设备。

Day 39

10 月 28 日

黑暗区

冰站漂流的第 24 天 北纬 85°34.68′, 东经 126°13.84′ –14.4℃

按照计划，今天就去冰芯采集区。我们一组负责厚冰区。说是厚冰，其实也不厚，只有 70 ~ 80 厘米，是经过夏天后没有完全融化留下的冰。天气似乎也没有昨天预报的那么冷，一大早温度低至零下 25℃，但今天是一个回温的过程，到了下午，气温已经回到零下 14℃了。鉴于昨天的天气预报，今天大家都穿得比较多。到了采样点，工作有序地进行着，唯一跟设想不一样的是，浮冰站导航系统，硬是不工作了。可能是因为低温，那个触摸屏，点一下要反应半天，只好用上土办法，用手工记录各个冰芯的采样时间和更新

黑暗区作业 / Marc Oggier 摄

的经纬度。因为我们采样点的冰厚要比另外一组厚得多，所以我们的持续时间也要长一些，而且我们还要到冰脊区采集两支长冰芯用于研究冰脊内部的化学成分。我们的作业一直持续到下午 3 点，在野外连续工作了 6 个小时。最后需要把分样品用的帐篷拆了，我稍微有点着急了，还没有把帐篷压下去，就把帐钉拔了。刚好当时起风了，差点把帐篷吹跑，好在作业点的负责人 Marc 反应得快，一把就把吹到 3 米外的帐篷抓住了。Marc 是阿拉斯加大学的，天生就是一个干冰雪的人，有用不完的劲，还不怕冷，在特隆姆瑟的时候已只有 7 ～ 8℃了，他还经常穿着短裤。

回到船上，把所有的冰芯和物资整理清楚后，已经到下午 4 点了，不咸不淡地吃了一些蛋糕，坐在沙发上就睡着了。吃完晚饭，开大会，才发现，明天又被安排到冰芯采集区。那里被定义为 Dark site（黑暗区）。因为离船太远了，船上的灯光是照不到的，当然人为的干扰也会比较少，对冰底生态系统的影响不大，可以认为是自然状态的。也被定义为 LM site，也就是介于 L 站和 M 站之间，可以布放一些浮标，以弥补主冰站一些靠人完成的观测难以做到连续不间断，同时可以与主冰站系统的大气和海洋观测结合起来。LM 站，还可以利用冰芯基础观测的结果，因此对于研究海冰热力学过程来说是十分重要的。我的任务主要是到那布放 2 个海冰物质平衡浮标，这当然是很好的机会，我不但可以利用冰芯观测知道是什么样的冰，还可以用浮标数据认识未来一年它是怎么变化的。这显然是一个很好的科学故事。再累，我也得去。MOSAiC 航次有一个好处，就是做任何一个专业方向的人，都是当前国际上做得比较好的科学家。这些人在船上一碰头就可以根据现场情况做出灵活的变动。有些不利的客观环境因素，很容易通过适当的调整就制定出了新的观测方案。

连续两周的极夜野外工作，我发现自己的眼睛特别的累，因为都是靠微弱的头灯来干活，有时候眼镜冻上霜，也就是随便擦一擦，镜片可能早已被磨花了。这些可能对眼睛都是一种伤害，好在带了眼药水，往后可是要多加注意了。13 年前，在南极越冬，那时候年少无知，整个过程留下了一些伤痕，现在出野外多了，胆子也越来越小。从任务来看，MOSAiC 的任务肯定是要重得多，也只能是在可能的范围内调整适应了。

Day 40

10 月 29 日

冰珊瑚

冰站漂流的第 25 天 北纬 85°38.44′, 东经 125°34.75′ –15.2℃

按照计划，今天到 LM 站点安装浮标。Robert 和 Marc 分别是两个冰芯采样点的负责人，两个站点分别代表一年冰和多年冰，平均冰厚分别约 40 厘米和 80 厘米。所以，布放浮标，两位负责人也都参加了。一方面他们会给一些建议，在哪里怎样布放，才能有效地把浮标的观测数据和冰芯的观测数据结合起来；另一方面，他们也会控制一下，以免我们在布放浮标过程及其之后的维护过程中会对冰芯采集点造成人为的干扰和污染。整个布放过程还是很顺利的，在多年冰区分别布放了海冰物质平衡浮标、积雪浮标和上层海洋声学浮标各 1 个。加上原来在这里布放的沉积物捕获器，以及基于每个星期大概 30 来根冰芯所测量得到的理化生参数，可以说这个站点的观测是比较完善的，不但可以从物理的角度讲一些科学故事，还可以从生态的角度说明一些问题。另外一个布放点，是当年新冻结的海冰，只布放了一个海冰物质平衡浮标，但这样也可以通过比较不同冰厚及不同海冰背景特性的条件下，将来一年海冰生长过程的差异性。布放完浮标，刚好中午，然后就打道回府了。

非常简单地吃了顿中午饭，开了一个短会，下午 1 点钟就开始 ROV 作业点的工作了。ROV 原来作业点已经从主冰站分离出去了，需要重新布置一个作业点。现在作业点已经选好了，还需要锯出一个 1 米见方的冰洞，现在已经锯了一半了。下午第一件事情就是钻孔，然后把冰块锯出来。这跟哈尔滨的冰灯取样是一样的，那些做冰灯的原始冰块都是用水库冰或者河冰锯出来的。好在冰不厚，观测站的冰厚只有 40 ~ 50 厘米，很快就锯完了。冰洞锯好后，遇到了一件麻烦的事情。冰洞附近是一个冰脊，冰底不知道从什么地方漂来了一块融蚀很严重的大冰块，大约有 150 千克。靠人，根本就拉不上来。于是，大家想办法用绳子套到了冰底，用木棍把冰块往上撬了一下，最后用雪地摩托把冰块从冰洞里拖了出来。拉出来的冰块被制作成了 ROV 站的冰灯，做起来很简单，只是在冰融蚀孔里放了一个足够亮的手电。Jari 说它像冰珊瑚。

建站，冰洞清理干净了才是第一步，后面搭帐篷还需要 1 天的时间。搭帐篷前是铺地板，有龙骨、保温材料和木地板三层。ROV 帐篷里是需要配加热装置的，否则传感器受不了低温。加热过程还不能对冰有影响，否则冰就化了。帐篷也有三层，其中中间一层是隔热材料。零下 20 多摄氏度，要搭一个大概 13 平方米的帐篷，而且帐篷的结构还那么复杂，显然明天将面临更大的挑战。过完这个冬季，我估计可以到哈尔滨兼职做冰灯了。

到这个星期六，我们的第一航段的时间就过了一半了，据说会有一个较大规模的庆祝活动。大家都不容易，北纬 85°，天天与冰为友、与风作战，每天都在疲惫和兴奋中度过。疲惫就不用说了，兴奋的无非就是冰站工作的一次次进展，观测项目的一次次完成。

冰珊瑚

Day 41

10 月 30 日

冰上帐篷

冰站漂流的第 26 天　北纬 85°42.41′, 东经 124°35.79′　–16.9℃

今天在 ROV 站点搭了一天的帐篷。ROV 站点真是好事多磨啊，第一个冰洞刚打好，帐篷也刚刚搭建好，电缆就因为冰撕裂而拉断了；电缆换好，刚完成第一次下水测试，冰缝就扩展了，人都过不去了，后来好不容易利用冰缝重新冻结的海冰才得以过去把物资撤回来。通过精挑细选，重新找了一个作业点，冰洞也打好了，还没有开始架设帐篷，新的冰缝又出现了。驾驶台指挥中心问 ROV 的项目负责人 Marcel 怎样取舍。Marcel 站在冰缝旁，琢磨了半天，一咬牙一跺脚，决定，干，继续干，否则重新找一个地方挖冰洞太困难了。现在只能指望冰缝不会进一步扩展，海冰能稳定下来。帐篷有三层，中间的隔热层是锡膜做的，能够隔绝热红外辐射。在架设龙骨前，冰面被修理过了，还算平整。帐篷架设好后，里外温度立马不一样了，保温效果还是很好的。架设帐篷的铆钉是直接打在冰底下的，无论多大的风，应该都能经受得住。后来木地板的冰碴也清理了，供电系统也安装好了，设备都就位了，似乎明天 ROV 又可以下水了。

冰洞的海冰在迅速增厚，冰洞打好清理干净后，海水是直接暴露在空气中的，没有积雪和原有冰层的热力隔绝，热量快速扩散，所以海冰长得很快。不到两天的工夫，已经有 7 ~ 8 厘米厚了，气温维持在零下 15℃以下，新冻结的海冰也比较结实，具有足够的承载力，这样的薄冰层已经足以承载一个人的重量了。以后每次 ROV 作业前，都要把新冻结的薄冰层清理干净，这不是一件简单的事情。

MOSAiC 是一个漫长的航次，也是自 SHEBA 以来历时最长的北冰洋考察航次。第二航段的船 11 月底就要从特隆姆瑟出发了，我们是 12 月底回到那，然后第三航段的船 1 月底离开那。一个航段接一个航段，就像接力赛一样，考察队员一波一波地轮换。但也有例外的。海冰组的一个俄罗斯人 Nikolay 就需要干 4 个航段，一共出海 10 个月。尽管船上吃喝不愁，但冬季看不到阳光，船出来不多久就没有新鲜蔬菜了，每天工作和生活就是冰上和船上两个地方。时间长了，人也会呆傻了。记得当年刚从南极越冬回来，离开了车水马龙的城市 14 个月，回来后过马路都不忘记看红灯了。经过澳大利亚时，晒了一天的太阳，胳膊就脱皮了，毕竟胳膊一年都没有暴露在外面。不知道再过两个月回去会怎样。另外，我现在最愁的是后面航段的物资准备。第三航段时，就可以见到太阳了，直升机也可以飞更远的距离，补充布放浮标是必要的。从上海到特隆姆瑟，海运加陆运要 2 个月。如果是空运的话，设备的电池是一个问题，有时候还需要把电池从设备上拆下来运输。

ROV 帐篷 2.0 版

Day 42

10 月 31 日

雪毯子

冰站漂流的第 27 天　北纬 85°46.48′, 东经 123°24.67′　−22.4℃

10 月就这样过去了，阳光在这个月里快速地消逝，现在已经进入极夜了。10 月 1 日还什么工作都没开展，可现在带来的浮标几乎都布放完了。Fedorov 回去了，随 Fedorov 回去的人已经到家了。一个月前 MOSAiC 主冰站才确定下来，现在主冰站已经布满了各个学科的设备。主冰站的工作有序地进行着，每天都会遇到新的问题，每天都会有新的进展。

今天上午，是我这个星期唯一没有上冰的时间，利用这半天的时间好好思考了一下前面一个月的工作，有做得好的，也有不太满意的。浮标阵列的布放工作，出奇的顺利，大多数浮标已经布放完了，这主要得益于 Mi−8 直升机强有力的支持能力。这样一来，到了 Polarstern，就没有多少浮标需要布放了。在 Polarstern 就没有太多的作业机会了。通过两周的主冰站现场作业，基本把海冰组的工作都摸了一遍。海冰研究是一个交叉学科，所以观测装备更新得很快。很多本来应用在别的专业的设备，海冰科学家看着有意思了，也会对其进行改造利用起来。比如，CT 扫描，以往可能做矿物研究的会使用，做海冰研究的也会使用，但是做积雪研究的就很难用起来，因为积雪的结构在采样、运输和储存中都很容易被破坏。然而，做积雪研究的科学家们，就想了一个办法，在挖雪坑时，用液氮把雪样给迅速冻起来，使得积雪形成冰块，但又保留了积雪本来的结构。又比如，激光扫描，一般是用来做地形观测的，但海冰科学家们则把它用来测量冰雪表面的变化。

■ 风吹雪 / 蓝木盛 摄

下午，做积雪断面观测是跟遥感移动观测（Balamis L-Band radiometer）一起开展的，主要观测不同积雪厚度和特性对遥感信号的影响。其中一个测量积雪的设备是用一定加载速率并通过测量加载后传感器的反作用力来反演积雪密度的，这样的测量可以快速地得到积雪垂向剖面密度的变化。这个设备叫 Snow Micro Pen。我第一次用，因为之前做过海冰力学的实验，所以很快就掌握了。另外，在雪坑层理描述方面，我们以往一般会配合上层理照片，David 这次用的是红外相机。在红外成像中，积雪的层理显而易见，积雪像蛋糕一样呈现出 3 ～ 4 层。表面是新雪，积雪的结构还很清晰，往下逐渐变成颗粒状，到了海冰表面，有 2 ～ 3 厘米的积雪已经变成冰状了，积雪与冰烧结在一起。在海冰热力学研究中，积雪很重要。冬天，由于积雪的密度低、孔隙大，积雪就像被子一样保护着海冰，使得海冰不会冻结得太快。有一个测点，积雪才 7 厘米厚，积雪表面和气温接近，零下 17℃，到了积雪底部则上升至零下 7℃。等到积雪足够厚的时候，海冰表面会被积雪压到海平面以下，海水容易倒渗，使得积雪被冻结成海冰。由于积雪的存在，海冰的卫星遥感会变得更加复杂，表面很多信号都取决于积雪的特性，所以对于改进遥感反演算法来说，准确刻画积雪的特性是十分必要的。随着北极海冰厚度的减小，积雪和海冰的厚度比越来越大，所以积雪就随之变得越来越重要了，而北极气旋的增多则会带来更多的降雪，尤其是靠近大西洋的扇区。

Day 43

11 月 1 日

水道新冰

冰站漂流的第 28 天 北纬 85°49.29′, 东经 122°48.93′ –18.8℃

今天上午，还是做积雪的工作。然而今天的雪坑观测，特别有意思。是在一个一周之前形成的水道上开展的，水道只有 3 ~ 5 米宽。一周前，正是这个水道使得原来的 ROV 作业点难以企及，从而放弃。现在水道已经重新冻结了，并且形成 10 ~ 14 厘米厚的海冰，上面还有 6 ~ 7 厘米厚的积雪。由于水道不宽，气温又很低，10 来厘米的水道，在上面作业已经能绝对保证安全了。水道开裂以后，给海洋和大气之间打开了一个窗口，大量的热量会释放出来，只要有 5% 左右的水道覆盖面积，其上面的热量交换就有可能超过 95% 的冰面，所以水道对于能量平衡十分重要。反过来说，由于水道上面的海冰生长得很快，所以水道对产冰量的贡献也很大。从水平方向来看，海冰是非常不均一的，要是水道被积雪填平了，原来的水道都有可能看不出来。这样冰厚测量时就很有意思了，水道上的测点冰厚可能要比周边平整冰小好几倍，比冰脊小一个量级。要刻画海冰这种水平方向的不均一性，仅靠卫星遥感是不够的。这个雪坑显然是值得关注的，项目负责人 David 特别重视，在这上面足足花了一个上午的时间，所有积雪的观测项目都做了，包括积雪的密度、温度、层理结构以及颗粒等。

下午是做激光冰面扫描。扫描的区域除了主观测区以外，还扩展到了船头方向的新冰区。上午雪坑观测时已经证明了原来裂开的冰缝水道已经重新冻结了，可以到达观测区域。往后，观测区域有可能向船的另外一侧拓展。扫描的标志物是用反光材料做的，激光打上去，特别的亮，一下子就能找到。有了标志物，扫描成像的坐标就不会乱。这项工作，相对来说，是所有项目里体力消耗最小的。尽管耗时比较长，一个作业点大概需要半个小时。下午一共做了 5 个作业点，人也不怎么累。Ian R 一如既往地一边观测，一边放着音乐。

考察队大部分工作进行得很顺利。气象观测站已经布满了设备，其中 30 米的气象塔在冰站上矗立着，巍巍壮观。探空气球作业点增加了帐篷，是专

水道新冰观测

门放系留汽艇的。ROV 作业经历多次变故之后，今天正式下水进行动力调试。遥感观测站已经安装了 8 套设备了，往后还会继续增加，所有设备都是架设在特制的木制雪橇上的，有一些大型设备在雪橇上还系上了浮球。海洋观测站的进展有些缓慢，昨天本来进行第一次 CTD（温盐深）正式作业，但有些采水瓶打不开，今天好不容易调试好了，明天才能再次下水。冰上的 CTD 及其绞车不是定型产品，都是为这个航次特别订制的，似乎没有调试好，所以使用起来一直都不是很顺利。CTD 作业不但决定着物理海洋组的工作进展，还会严重影响生态组和地球化学循环组的工作，因为他们急迫需要水样进行各种参数的测定。

后勤组在主观测区以外布置了电感防熊网，这跟国内小区围墙上的防盗网差不多吧。就是架上铁丝，通上弱电，有熊来了，提前就知道了，这无形中就是构建了一道冰站长城，给我们的安全提供了更多保障。

Day 44

11 月 2 日

重建 ROV 观测站

冰站漂流的第 29 天 北纬 85°51.46′, 东经 122°25.25′ −26.3℃

今天的天气特别好，没有风，没有太厚的云，可谓云淡风轻，非常适合作业。今天开展了一天的 ROV 作业，上午主要是布置冰底标志物和声学定位系统，从而在冰上构建 ROV 可以识别的笛卡尔坐标体系。浮冰是漂移的，而且还在旋转，所以冰下机器人不能根据 GPS 定位系统来作业，只能重新构建坐标系统。当然，这不存在太大的难度，毕竟作业范围只有百米量级。下午 ROV 下水测试，检查传感器和定位系统是否工作正常。通过 ROV 自带的摄像头可以清晰地看到哪里是重新冻结的水道，哪里是冰脊。冰脊的底部形态也清晰可见，挤在一起的冰块错综复杂，就像饼干被挤碎了一样。在薄冰区，ROV 的亮光，从冰面都能看见，就像一个大灯泡放在冰底一样，海冰的晶体折射着光线，晶莹透亮。这是这个航次第一次获得冰底 ROV 的观测数据，所有传感器工作正常。项目负责人 Marcel 当然是非常兴奋的。中午 1 点，南方只有一丝橘色的亮光。船上的探照灯一直都很照顾 ROV 作业点，两束光打过来在冰面形成了两个巨大的光桥，中间夹着黑暗，一切都显得那么的寂静。

今天是第一航段的时间过半，往前看，似乎日子过得很快，做了很多事情；往后看，似乎还有很漫长的时间。冰上的工作时间还有 6 周，加上回去路上的时间，差不多有 2 个月的时间，而且往后的天气会越来越冷，工作难度会越来越大。今天，考察队安排了庆祝活动。晚饭是烧烤，在工作甲板上进行。特地把一个实验室清理出来作为临时餐厅，周围挂满了国旗，参加航次的十几个国家的国旗都在上面，五星红旗醒目在列。其实烧烤，就是图个热闹，气温太低，总也烤不好，外面糊了，里面还没熟。老外的烧烤也不刷油，也不放孜然，所以也不怎么合胃口。很多中方的队员烧烤完回来还补充了一包国内带来的方便面。当然，德国的扎啤还是很不错的，今天是免费供应，平时是要花钱买的。吃完烧烤，临时餐厅变成了酒吧，很多人还穿着工作服，胡乱地跳了一通，有些人跳得很有节奏，有些人只是为了放松一下。出来两个月了，工作并不是都很顺利，有些人的工作到现在还没有开展，做不好吧，科研项目没法交差。远方的家有各种事情，虽牵挂但够不着。大家每天担心着熊、冰，工作回来时骨架里都透着寒气。航次中的这种庆祝活动就是给大家放松的机会，这里不分国籍，不分教授和学生。要是没有适当的活动调节情绪，人就会特别的压抑。

■ ROV 作业

Day 45

11 月 3 日

限流的邮件

冰站漂流的第 30 天 北纬 85°54.25′，东经 121°14.38′ −21.1℃

今天是星期天，早上很多人在休息。昨天的酒会上，大家都放松了一下，在这个星期天好好睡个懒觉，因此也没几个人起来吃早饭了。组会安排在 10 点半，组长居然还没起来，是 Stefan 敲门把组长 Jari 叫起来的。然而，大家到中午就完全进入到工作状态了，下午就有队员出去干活了。有人算过，这个航次光是后勤投资就达 1.4 亿欧元，要是包括科学设备和人员投入，可能达到 1.8 亿欧元。平均每天在船的科学家大概有 60 多人，工作时间按一年计算，那么每分钟每位科学家就消耗掉 5 欧元的等价物资。所以，谁也耽搁不起，能多做一点是一点。本来每周都是安排星期天休息一天的，但真正停止冰上工作的只有星期天上午半天。而休整的这半天，要不是昨天有酒会，大家玩到比较晚，就会有很多人在船上处理数据。

最近接到家里的消息，一篇文章被一个期刊接收，需要校稿，另一篇审稿意见返回来，需要进行少量的修改。说是少量，其实审稿意见就有 7 页，学生将这份审稿意见拆分为好几封邮件才发过来的。校稿还好，主要是看编辑过程有没有出错，学生看一遍，然后把疑问跟我核对一下就可以了。但修改文章，比较麻烦，很多资料在船上查不了，文章改好了也没法发回去，我们一封邮件只能限流 50 K，所以只能向期刊编辑部申请延期了。这是美国地球物理学会的期刊，学科责任编委跟我们说，延期是有风险的，有可能别人会抢在我们之前把类似的成果发表出来，如果延期发表编委需要根据实际情况重新评估我们文章的价值。这些我们都明白，好在我们认为，我们的成果

余光

等到 MOSAiC 观测周期完才有可能进一步细化和完善。我们的工作其实是 MOSAiC 铺垫性的工作，所以完全有信心等我回去以后再公开发表。今天是星期天，刚好有时间修改论文。出海就是这样，现场工作压力大，忙不完，而办公室的重要工作也不能耽误。

今天下午，我的主要工作是帮 Mario 准备海冰物质平衡浮标。Mario 本来就是从事海冰研究的，然而这个航段，海洋组来的其他队员没有冰上作业经验，只好把 Mario 安排在海洋组了。Mario 的浮标是基于他的构思让工程师集

成的，比较简单，价格也便宜，他做了 46 个，能基本覆盖主冰站的各种类型的冰。Mario 的浮标数据不是通过铱星传输的，而是通过高频传输到船上的。因此，可以实时看到数据，而且数据传输不需要卫星通信费，缺点是这些浮标不能在主冰站以外的浮冰上布放。由于我们的浮标基本都布放在主冰站以外的浮冰上，这样，Mario 的浮标和我们的浮标刚好可以形成互补。

明天，还有冰芯采集项目，由于作业时间比较长，今晚早早就睡了。睡觉前，想了半天明天需要怎么做好保暖防护。

Day 46

11 月 4 日

梦回 13 年，手指又冻伤了

冰站漂流的第 31 天 北纬 85°56.90′, 东经 119°44.01′ –25.6℃

今天体感温度零下 40℃。冰芯采集增加了两个项目：积雪坑观测和采集雪样。每次采样还要记录到 AWI 专门为 MOSAiC 设计的冰面导航记录仪中，以方便将来准确识别采样点在浮冰上的相对位置。今天，就像做梦一样，冰芯采集队 8 点半就出发了，以 10 分钟采集一根冰芯，10 分钟分样的速度一直干到中午 1 点。应该说经过上周的磨合，大家都干得比较快了。一般我们出去干活都是戴两副手套：一副是棉线手套，会一直戴着；另一副是滑雪手套。大部分的时间，需要用手去记录和操作仪器，所以滑雪手套不可能总戴着的。今天的工作速度似乎比上次快多了，以致于我都忘记了我有一个不太好的手指，那个在南极差点就冻没的手指。

作业后回到寝室，把设备稍微整理了一下，厚重的衣服脱下来，手套摘下，准备去吃午饭。完了，手套一摘，发现就完了。那个不太好的小手指居然一点血色都没有，也不知道疼。南极作业的经验告诉我，我又遇到大麻烦了。马上让队友木盛找医生，自己用另外一只手温暖着那只没有感觉的手指。慢慢，手指回温了，变成了酱红色，开始觉得疼了，有灼伤的感觉。到了医务室，医生在水池里用温度计调出来一盆温水，让我慢慢把手放下去，放的过程，手一阵的刺痛，就像手指被很多针刺着一样。手指的颜色在变化，冻伤的半截手指跟其他部分就像不是一个整体，只像是胶合在一起。泡了一会儿温水，

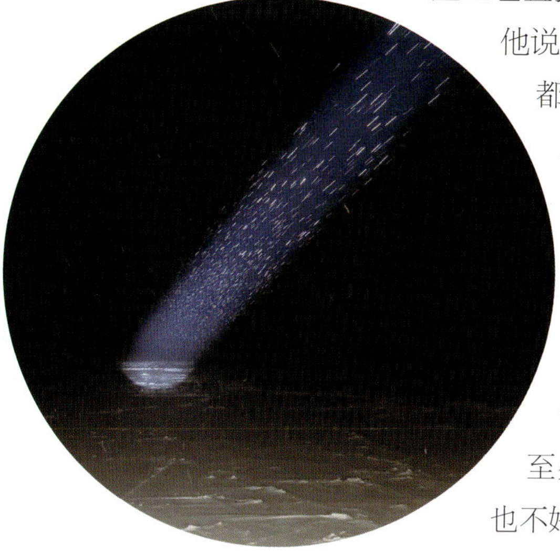

■ 光柱

医生也直摇头，我问他，我会失去我的手指吗？他说不会，但一部分就不好说了，因为现在都还是紫色的。这只手指的指尖有一部分血管在南极就冻坏了，形成了硬块，颜色最深的也是这一块。我内心特别的难受，在南极已经做过一次简陋的手术了，我实在不想再经历那么一次磨难。但现在，我只好强忍着泪水，认真地回答医生的每一个问题。在国外的船上，至少不能表现得太懦弱。医生说，现在他也不好说什么，也没有特别有效的治疗方法，只能走一步看一步。然后，就用药棉和纱布宽松地包了一下。他说，手指很快就会起水泡，水泡没破之前不能用药，现在不能硬动手指，不能揉搓，这样血管很容易被破坏，注意保温。就让我回寝室休息了，我这才想起来从早上 8 点，到现在还没有吃过任何东西，没有喝过一口水。我也实在没有心思去找东西吃，只是喝了点水，然后向各个层面的领导汇报了我的情况。室友帮我弄了两块蛋糕。手指还是很疼，我还没有回过神来。不一会儿，医生到我寝室来了，他说找了我半天。老外不习惯到别人寝室，所以一般也不知道谁住在哪。医生给了我几片药，说是扩充血管用的，可以促进血液循环，也有一定的镇痛作用。

然后，有不少队友来问候，我也不知道说什么好，用蹩脚的英语应付着，还要表现得很乐观。心里想，手指颜色可不能往深变化啊。就这样忐忑地过了一天。晚上，好几次醒来，不知道是疼醒的，还是担心醒的。把床头灯一开，纱布一揭，一次又一次观察着手指颜色的变化。还好，虽然手指变得更加肿胖，但颜色往红润里变，说明血液循环没有问题，能正常供血，深颜色的部分主要分布在原来坏死的局部肌肉附近。

一切就像做梦一样，回到了 13 年前。那时候我还是一个不知道天高地厚的年轻人，现在都孩子他爸了，但还是重复了那年的经历。

Day 47

11 月 5 日

事故调查报告

冰站漂流的第 32 天 北纬 85°56.32′, 东经 118°26.28′ –24.7℃

今天主要是调整，手受伤了，不能出去工作，只能自己调整。考察队后勤总管 Verena 给了一个事故调查报告，其中包括以下几部分内容，事故发生的时间和地点，事故发生的原因分析，事故可能造成的损失（包括人员、设备和环境等），事故对考察队的影响（包括需要调整、延误进展、改变计划、中断航次等），以及以后怎样降低类似事故的发生概率。无论事故大小，考察队都会根据调查报告进行商议，制定相应的调整措施。针对我的问题，考察队取消了野外工作必须现场录入作业点导航信息的要求。因为他们开发的浮冰导航系统并不完善，大家需要花很大的精力完成这项工作，以后只需要

■ 雪堆

针对每项工作记录下时间和经纬度即可。我被医生禁止出外工作两周，之后根据病情发展再决定。海冰组，也为后面的工作做了一些人员调整，我主要负责内业工作，包括冰情的记录、浮标的准备，以及样品实验室的测量等。总体来说，我希望尽量做到不会因为我的受伤给组里的工作带来更多的麻烦。从人员调整来说，还是显得有点不平衡。我的缺失使得大家一周几乎没有休息的时间，因为每个项目都要配置防熊队员，除了项目负责人之外，还要配置配合人员。我的工作分配给了其他人，没有办法了，现在也只能是脸皮厚点了。目前，大家还没有太多的怨言，时间长了就不好说了。这么冷的天，谁也不会很乐意出去时间太长。所以，我也希望自己能快点好起来。野外工作，一点小的失误，就可能打乱现场考察的节奏。

早上起来，洗脸才发现，其实我的鼻子也冻伤了，也起了一个小水泡，只是不疼不痒的，没发现。昨天医生已经问过我了，鼻子有没有问题，我当时还很肯定地说没啥事。好在，鼻子只是冻伤了表皮，没有伤到真皮，涂点维生素 E 慢慢就好了。医生的判断是手的冻伤为二级，鼻子大概是 0.5 级吧。

晚上，我给大家做了一个报告，因为报告是之前安排好的，我并不想因为自己受伤了，而更改时间。大致讲了我国组织北极考察的历史，冰站作业的内容，与 MOSAiC 比较，有什么优缺点，我们为什么要建造新的考察破冰船，以及新船是什么样子的。总体来讲，给大家留下了比较好的印象。要不是手受伤了，这次国际合作航次，还是很成功的，带来的浮标都布放完了，而且后面航段还会追加布放一些浮标。结交了不少朋友，为将来建立更深入的合作关系奠定了基础。掌握了不少新的技能，包括后勤方面的，也包括冰雪相关的观测，这可以为将来进一步拓展自己的研究空间提供支撑。然而，手的冻伤，会给大家留下一个不太好的印象，因为我们才在 Polarstern 上开展作业 20 来天，后面还有 40 来天。争取在 20 天内能完全康复，然后就可以再次上冰作业了。

气温一天天地变冷，再过两天，气温还会继续下降。我的事故也给大家敲响了警钟，这里是北极中心区域，已经到了冬天，我们在外面工作，各方面都不能大意。领队在今天的例会上说，尽管现在已经不是探险时代了，但面对北极恶劣的气候环境，人的适应能力还是有限的。

Day 48

11 月 6 日

德国键盘

冰站漂流的第 33 天 北纬 85°55.014′, 东经 117°26.16′ –22.5℃

今天手的伤情好转了许多，基本上不再发黑了，以前冻伤过的指尖也都有了血色，这让我很欣慰。手指的结构和功能应该都不会有问题，然而手指还是很红肿，冻坏的皮肤就像跟肌肉黏结得很不牢靠似的，稍微一动就胀疼。上冰是不可能的，我已经向组长请了两个星期的假，这两个星期也不能闲着。我们组的项目多，作业点分散，组长每天都为防熊的问题发愁，现在少一个人，就没有轮换的人了。首先态度上还是得积极点，因此我成为 Mario 准备浮标的主要帮手，今天花了一天的时间学习了浮标的设定和耗材准备工作。观测程序写入、观测参数设定、初始时间写入，其实信息量还是很大的。好在以前接触的设备比较多，尽管不是同一个设备，工程师在构思工作流程的思路都差不多，所以听过一遍都记住了。

在 Polarstern 遇到一件有趣的事情，就是德国人用的电脑都是德语键盘，有时候需要猜半天，才知道哪个是“Delete”键，哪个是“Ctrl”键。

还好有些是英文操作系统，这样的话只要用鼠标右键就能解决很多问题，要是遇到德语操作系统的，就只能蒙了。尽管德国人英语都很好，但只要环境合适，还是希望用德语交流。我在准备浮标的时候，听到 Mario 跟另外一个德国人对话，可能我大概知道对话的背景，我居然听懂了好几个单词，比如“temperature”“ice thickness”等，发音都跟英文差不多，怪不得欧洲人学英语总是能比中国人快。Mario 很是为他的设计骄傲，总向别人介绍他那 46 个浮标是用来干吗的，应该怎么安装等。他还做了一件有趣的事情，就是用我们队员的名字给每个浮标都起了个名字，以我的名字命名的是 19 号浮标，希望它能工作更长的时间，要是最后利用观测数据撰写的论文能发表在 Science 这样的顶级学术期刊，那就更妙了。

影子

可能是因为手指受伤了，或是因为昨天给大家做了一个学术报告，我的名字被全船人记住了。本来中国人的名字不好记，就像我们记俄罗斯人名字一样，一会儿一个斯基一个洛夫的。有一个瑞典人，每次问我叫什么名字，每次都说能记住，结果下次还是说不上来。这下好了，她一见面就问“Ruibo，How about your finger？”这回还出名了，尽管不是什么好事。以后更要表现得好点了，总不能给中方队员丢份吧。

今天，船边 CTD 作业冰洞已经钻好，修好了，进行了一次 CTD 的试验性释放，就是把 CTD 的架子放下去，对作业流程进行演练和改进。CTD 释放是一个系统工程，它涉及多个参数的全深度剖面观测和不同层位的水样采集，它关系到 3 个组的工作，海洋组、生态组和地球化学循环组，同时需要船员配合。每次作业前，冰洞上冻结的冰都需要清理干净，冰洞里放了一个潜水泵，希望通过水的循环减缓海水的冻结。然而，天气实在是太冷了，这样的措施也只能是减缓，冻结肯定是避免不了的。清理冰洞就需要 3 ～ 4 个人工作一个小时。CTD 从实验室到冰洞或者从冰洞到实验室都既要保证平稳，又要迅速，否则 CTD 就冻坏了。第一次演练，领队下去指挥了一个小时，可能他想着只是临时下去一下，没有穿连体服，只穿了羽绒服，戴了线手套，不一会儿就冻透了。考察队的装备已经很好了，可以说比国内的考察队还要好，AWI 研究所下了大工夫，为了 MOSAiC 咨询了很多机构，怎么配置装备。也不知道，探险时代的南森们是怎样御寒的，南森最后可是离开了 Fram 号，徒步走到法兰士・约瑟夫群岛的。我冻伤了可以在船上调整，在万吨巨轮 Polarstern 上，可探险前辈们要是冻伤了，又是怎样熬过来的呢?

Day 49

11 月 7 日

全剖面观测

冰站漂流的第 34 天　北纬 85°55.06′, 东经 116°37.00′　-23℃

MOSAiC 的工作，今天有了很大的进展，除了探空气球外，还增加了系留汽艇。系留汽艇可以重复使用，只要适当给她补充氦气即可。这里用“她”，是因为负责该项目的 Sandro 给它起了个可爱的名字“Miss Piggy”。系留汽艇有一个专门的家，就是专门给她搭建的帐篷。帐篷内部不能有任何的棱角，每次作业完了，就把 Miss Piggy 放进帐篷里，免得被大风刮跑。除了海洋观测站的 CTD 外，还在船边钻了一个大洞，这样 CTD 下放有了更多的选择。船边的 CTD 主要侧重全水深剖面的观测和采

CTD 作业

样，但表层水可能会受到船体或船的废水排放影响难以做到无干扰采样。所以海洋观测站的 CTD 作业更加侧重表层的采样和一些下放深度受限制的传感器的观测。船边的 CTD 开展作业，大家都很开心，关系到物理海洋、海洋生态和地球化学循环 3 个大学科的科考工作。然而，这项工作得以开展实在是不容易。刚开始，船周边的海冰根本就不稳定，风向一改就有可能出现裂缝，有一次裂缝出现，甚至差点把雪地摩托弄到海里。刚开始考察队根本就不敢在船边钻冰洞，生怕产生大的裂缝，舷梯就再也下不去了。一直到 10 月底，海冰才稳定下来，开始出现的裂缝也重新冻起来了。考察队才敢下决定钻冰洞，船载 CTD 要下水，需要一个 3 米乘 3 米的冰洞，船靠泊的区域刚好是个冰脊，接近 1.5 米。在这样的冰上钻出一个这么大的冰洞，难度可想而知。打钻用的是直径 60 厘米的冰钻，这个冰钻需要吊机给吊起来，并且由两个人把扶着往下钻。钻完一个眼需要提起来，这样的冰钻接近 50 千克，钻一次提一次，可以说是个很重的体力活。钻出来的一个个直径 60 厘米的冰洞连起来，成了大冰洞的周长，然后用船吊才把大冰块给吊起来。整整花了两天才把冰洞钻好修好。然后还要把冰洞周边的海冰整平，铺上木板，否则人站在上面协助 CTD 下水就很容易滑倒，甚至掉到冰洞里。以后每次下 CTD，第一步就是要清理冰洞中新冻结的海冰。CTD 搭载了多个传感器和采水器，采水器的水不能冻结，否

则就没法采集里面的气体了，传感器也不能被冻，因此搭载 CTD 的整个框架从实验室到下冰洞前的 10 ~ 20 分钟，需要增加加热和保暖措施。同样做一个海洋剖面观测，在这样的条件下作业要比大洋作业难上好几倍。

随着海冰的增厚，船周边的海冰变得更加稳定，尽管之前有一些裂缝，但很快就冻上了。海冰漂移过程中，也没有太多的空间发生冰场形变，从这点来看更加安全了。10 月 20 日前后，北极熊造访了两次之后，就再也没有来过了，可能真的冬眠了，或者因为海冰周边再也没有裂缝，北极熊没法捕食，只能往南边走了。2019 年秋季，整个北冰洋主要受到从楚科奇海朝向大西洋扇区的风场强迫影响，海冰在楚科奇海和波弗特海区域都异常偏少，到 11 月上旬了，那里还有大片的开阔水域。

这几天，浮冰和 Polarstern 有点往南漂，领队有些担心。这主要出于两点原因：第一点从宣传的角度来说，要是能直接漂到北极点，肯定能引起更多老百姓的关注，当然从科学的角度来说这一点也不是特别的重要，只要冰站大部分时间能维持在北冰洋中心海域就可以了，经过北极点毕竟是小概率事件。第二点是非常重要的，就是如果继续往南漂，则有可能进入俄罗斯专属经济区，那么按规定是不能开展科学调查的，尽管俄罗斯也是 MOSAiC 的参与国，但俄方并没有批准 MOSAiC 在他们的专属经济区作业。

Day 50

11 月 8 日

所有人都是工程师

冰站漂流的第 35 天　北纬 85°53.85′, 东经 116°2.44′　–21.3℃

今天，看得出来，Mario 有些焦虑，大量的浮标并不能跟船上的数据接收系统建立良好的连接。这样的话，浮标布放好后，不能实时看到数据，需要定期到布放点下载数据，这无疑会大大增加工作量。有时候，根据科学家思路定制的设备就是这样，它可能会很好地实现科学家的观测愿望，但因为不是定型产品，使用过程发生故障的概率就会大大增加。到了北极，你只能跟工程师只言片语的沟通，工程师只能告诉你，有可能这样，也有可能是那样，然后自己只能硬着头皮去试了。这几十个浮标，虽然比较简易，但也花了大概约 20 万欧元，是 Mario 这个航次最主要的科研设备，焦虑是在所难免。

在工作室里，大教授 Gunnar 成了木匠。他带的木匠工具还比较全，电钻、电锯、电动改锥都有。今天他要给将要布放的设备准备木制的三脚架。因为木材导热性差，在冰上很多时候都能用得上木头。用电锯锯出一批 1 米长的木条，用电钻在每根木条上打上一个带角度的孔，用螺栓反向一串，螺丝锁紧，就成了三脚架了，整个过程透出技术的娴熟。三脚架主要用于架设电缆，否则电缆放在冰上，时间一长就冻在冰里了。要是有阳光，电缆会吸收热量，甚至会往冰里陷。在冰面上走线，这样的三脚架是必须的。

Jari 在船边上大概 50 米的冰上，挖了一个槽，安装了应力测量板，同时在 Polarstern 的船体上也安装了应变片。这样观测配合起来就是冰对船体的作用力，以及船体的响应度了。这样的测量对于破冰船的结构设计以及在破冰

拉锚

船的运行安全管理都是很重要的。芬兰是破冰船设计和建造方面的强国，我们新建的破冰船“雪龙 2 号”的基本设计和冰池实验都是在芬兰开展的。像俄罗斯这样的重工业强国，有些破冰船也是在芬兰建造的。据说，Jari 现场做的观测也是跟一个工程公司合作，主要是希望把现场观测结果应用到工业应用中。随着北冰洋海冰的减少，北冰洋的人类活动会越来越多。首先，海冰减少使得北极航道的商业利用成为可能，我国“中远”运输公司已经把北极的东北航道利用起来了，每年夏天都会使用东北航道作为中国到西北欧货物运输的通道，是经过马六甲海峡和苏伊士运河黄金水道货物运输的重要补充。其次，北冰洋有着宽广的大陆架，上面蕴藏着大量油气资源，中国已经与俄罗斯等北极国家在油气资源钻探和开采方面开展了合作。在北极的人类活动，离不开对海冰的了解，尤其是海冰的力学性质，这关系到工业装备的设计、建造和安全运行。MOSAiC，除了北极的气候和生态环境外，又多了一些应用层面的观测。

Day 51

11 月 9 日

北极熊造访

冰站漂流的第 36 天 北纬 85°50.23′, 东经 115°46.82′ –23.8℃

真是说什么来什么。前两天，还说再没有北极熊造访了，今天又来熊了，也不知道是不是 3 周前来的那头，反正也是熊单影只。这一次造访的是气象观测站，也巧，今天我是 10 ~ 11 点在驾驶台值班瞭望看熊，接班不多久，就听见气象观测站的防熊队员 Hans 向驾驶台报告，出现熊了。船上立刻发出警报，所有站点的工作人员尽快回船。船上探照灯聚焦到了气象观测站，熊就出现在聚光灯下，成了全船的焦点。防熊队员很专业，静观着熊的动向，掩护着其他队员回船。熊没有走的意思，闲逛着，也没有猛扑过来的意思。等队员离开作业点后，防熊

观熊

队员向熊发射了信号枪，当然不是为了击毙它，而是要把它驱赶得远一点。防熊队员用雪地摩托迂回着，与熊保持着一定的距离，既不靠近也不远离。挺佩服防熊队员的，一方面并没有慌张，另一方面始终保持着高度的警惕。在驱赶熊的过程中，与驾驶台保持着顺畅的沟通，毕竟驾驶台上的视野更开阔，而且可以适当调整探照灯和红外摄像头的角度，以便追踪熊的动向。有一点，更显专业，防熊队员的行车路线，严格按照预先规划好的线路走，并没有因为着急而肆意破坏作业现场环境。冰雪的自然状态对于做海冰研究的学者来说，是非常重要的，要是破坏了，测量就不是物理本质了。对于采样点来说，雪地摩托撵过了就不能再采样，不然黑碳含量肯定偏高。上午，熊这么一闹，就干不成什么事了。其实防熊队员也没有把熊撵得多远，也就 1.5 千米吧，熊有点跑不动了，还是说不害怕了，就不怎么走了。防熊队员也不好有进一步的行动，就回来了。

中午吃完饭，直升机准备就绪。利用直升机撵熊是最有效的方式。本来打算等直升机把熊撵到安全距离，就继续作业。但熊可能真的处于冬眠状态，不怎么能跑，不一会儿就不跑了。直升机，你爱咋咋地。领队说，既然是这种情况，下午只有很紧急的工作才能干。比如，ROV 观测站的队员需要去那里把设备整理固定好，毕竟早上是逃回来的，其他的组也一样，早上干了一半的工作，摊开在冰上的设备，让大家迅速整理好，然后回船。今天，大家的工作都中断了，好在船载的 CTD 利用船边的冰洞下了两次 CTD，还用多联网做了一次剖面采集浮游动物样品。

前面也说过了，这个航次的后勤保障方面付出的代价太大了，谁也不想耽误工作，但熊出没、海冰破碎、低温、没有阳光和设备故障等问题，让我们每天的工作都非常的有限，内心多少会有一些焦虑。我的手冻伤了，至少两周不能上冰，其实我也很着急，谁都希望利用这样一次后勤保障最完善的航次多做一些事情，这对于科学探索、职业生涯以及科研项目都很重要。有时候，科学家压力也很大，这在国内国外都一样，得到了一个项目的资助，你就得想着办法完成相关的科研任务。在北极，野外考察的不确定因素太多了，每天你都难以想象可能发生的事情，一切都处于调整中。今天耽误的工作，大家都希望明天能补回来。

Day 52

11 月 10 日

赶工

冰站漂流的第 37 天　北纬 85°49.57′, 东经 116°8.39′　–29.8℃

昨天早上被熊闹了半天，下午直升机侦察，大家也没有正常工作。就这样耗了一天，大家心里也不甘。今天是星期天，大家都希望把昨天耽误的工作补回来，所以大家今天也就是上午简单休息了一下，下午 1 点冰上作业准时开展。本来安排在下午的冰上酒会也取消了。还好，熊没有回来，今天是阴历十月十四，月亮将满，能见度很好，月亮顶上一个探照灯了。这样的月亮在北极不多见，因为北极晴朗的天气不多，在南极是经常见到的。前两天中午时分，南面还有些许的余光，现在是彻底地变黑了。自从进入冰站作业区，并没有看到过极光，因为纬度太高了，这里不在极光频发区。今天的月亮显得额外的亲切，这是老天爷给我们的唯一光源。

同寝室的木盛同志今天非常的开心，因为他的水下激光粒度仪终于下水至 1 000 米了。这是相同设备第一次在冬季的北冰洋实施观测。MOSAiC 承载了多个人类的第一次，能在冬天待在北冰洋过冬不但需要强大的后勤支撑，还需要勇气。大家发现，餐桌的菜开始变得频繁重样了，晚上吃的牛肉都已经有点脱水了，我们离港差不多两个月了，还有将近 40 天才能等到接我们的船。

我内心有点着急，也不知道手指什么时候才能变好，什么时候医生才允许我上冰。总不下冰，组内的工作有点不好安排，而且好不容易来一趟，天天在养病也不是个事。考察队的工作每天都在推进中，我再不下冰，就有点与考察队格格不入了。

■ 赶工

明天又是采集冰芯的时间，我的手指冻伤满一周了，我是不能参加了。接替我的是北师大的王磊，王磊是个实诚的孩子。我一再叮嘱王磊都要注意些什么，要是手指冻麻了，应该采取什么样的措施，千万不能再发生我这种情况。我在冰芯采样点的主要工作是记录冰芯采集的时间、经纬度和冰厚等信息，同时还要做雪坑的观测。雪坑的观测 ，王磊也没做过，看得出他有点犹豫，好在队长 Maric 说主要是他完成，王磊帮他一下就好了。

每天晚上都有人在 Wetlab 准备第二天下冰的物资，分包好，放进雪橇，以便第二天一早就能出去。现在似乎真的进入日常观测阶段了，大家对一周的安排都大致心里有数，只要没有熊，没有暴风雪，工作就得按计划进行。我被安排在计划之外。Andreas 在整理他的长线鱼线，他一周要上冰下线两次，用于采集鱼类样品，在这黑暗的北冰洋中心区，收获肯定是少之又少的，至今只钓到两条大西洋鲑，每条一斤左右。尽管 99% 的垂钓都不可能有收获，大部分时间是“独钓寒极雪”，但他还是坚持着。气候变暖和海冰减少，是有可能导致鱼类北迁的，但对于北冰洋中心这样无光寡营养区，再北迁目前也不太可能变成渔场。而 Andreas 及他的同事捕获到的很有可能是两条迷路的大西洋鲑，Andreas 们正用他们的执着捕捉着北冰洋生态系统的变化。

Day 53 11 月 11 日

双十一

冰站漂流的第 38 天　北纬 85°54.90′，东经 116°35.71′　-21℃

不知道从哪年起，国内电商开始流行起来了。为刺激消费，商家们定义了各种各样的网购节，其中“双十一”似乎最为著名。原来大概意思是单身的过光棍节，没什么事做，为了派遣心中的孤独，只好购物了。当然，以后的网购节“双十一”跟单身就没有什么关系了。Polarstern 上也有商店，根据商品类型一个星期分不同天销售，每次只营业 15 分钟，主要是为了满足大家

冰上足球

的基本需求。销售的物品包括，啤酒、软饮料、饮用水、巧克力等零食，以及纪念品和洗头膏等日常用品。由于没有税，也没有铺位租金，售货员也是服务员兼顾的，所以商品都很便宜，比德国本土还要便宜很多，比如一听啤酒只要几毛欧元。白天工作比较累，晚上是不能上冰工作的，吃零食、喝啤酒是大家最主要的消遣方式。尽管大家都知道这不一定是最健康的生活方式，但在这寒冷的极夜，很难要求大家都很健康地生活。今天商店也是营业的，销售零食，其中巧克力是比较受大家欢迎的。有时候上冰时间长了，需要补充一点能量，一板不大的巧克力同样是几毛欧元。关于物品的供应，每艘船上的规定是不一样的。要是你上的是“雪龙”船，零食都需要自己准备，船上只有一些饼干，但像牙膏、洗头膏等日用品基本上是按需分配。各有各的好吧，像 Polarstern 这样的，大家省了带物品的麻烦，准备好钱就行了。当然，尽管今天是“双十一”，船上的物品是不会打折的，他们不知道这个在中国新兴的文化。

瑞典的 Pauline 教授是研究渔业资源的专家，今天约了我谈 MOSAiC 以后的事情。前面说过，渔业资源目前在北冰洋还只是一个噱头，但大家都关心这个话题，毕竟这是跟北极气候和海冰变化密切相关的话题。MOSAiC 才开始第一个航段的工作，Pauline 教授就操心起之后的事情了。国际计划很多时候都是科学家在咖啡桌上聊成的，这跟中关村的技术融资有点像。MOSAiC，据说当初也是几位科学家坐在一起，聊成了一个雏形，然后再推进的。今天，Pauline 要聊的是北极同步观测计划（Synoptic Arctic Survey，SAS）。该计划希望在 2020 年夏季，不同国家的考察船在北冰洋不同区域开展同步的断面考察，希望获得覆盖整个北冰洋的大气、海洋、海冰和生态系统的观测数据，为当前北冰洋变化扫描把脉。如果说 MOSAiC 是拉格朗日式的考察，那么 SAS 计划则是在一个季节内的快照式观测，互为补充。当然，到了 2020 年夏季，MOSAiC 还没有完全结束，MOSAiC 的观测也会是 SAS 计划的重要组成部分，而 SAS 计划则可以看作是 MOSAiC 在夏季的放大尺度观测，从浮标阵列的百公里尺度扩展到北冰洋洋盆尺度。Pauline 主要想知道 2020 年“雪龙 2 号”船会在哪里开展海洋学调查，观测断面确定下来后尽快融入 SAS 计划，以确保观测要素的一致性。

瑞典的“Oden”号考察船也会参加 SAS 计划，观测断面跟 MOSAiC 能配合起来。我主要是希望能通过“Oden”号布放一些浮标，Pauline 说很乐意帮我们这个忙。北极考察的国际合作，船时资源的共享尤为重要。

Day 54 11 月 12 日 实验室工作

冰站漂流的第 39 天　　北纬 86°2.11′, 东经 117°33.60′

这段时间，只能在实验室工作了，手指冻伤部分已经开始结痂，像一个硬壳一样。所有队员见面都会问，手指怎样了，有时候用英语也不好解释，就直接把手指给他们看。要是没看过别人冻伤的，看了这情形还是会觉得挺恐怖的。结的痂像烧焦了一样，只有等下面新的皮肤重新长好了，痂才能掉。现在也不太确定有没有伤到肌肉，要是伤到了肌肉，就可能形成硬块，好得更加慢了。

今天的工作是测量 4 根冰芯的盐度。海冰生长过程中会把一部分海盐包裹在冰内，形成卤水泡。卤水泡随着海冰的生消过程会发生重力排泄，随之发生比较大的变化。实验室工作不是很难，也不繁琐，上午和下午各花了两个小时就完成了，就是把冰密封在样品瓶里，在室温下融化后测量各个层位海冰的盐度。但测量结果还是比较有意思的。冰芯分别是在一年冰和二年冰冰区采集的，所谓的二年冰就是经过了 2019 年夏天没有融化掉的海冰。二年冰的采集点其实是融池冰重新冻结的。夏季海冰表面形态不一样，融化的水分会逐渐向低洼的冰面聚集，从而形成融池。融池会明显降低海冰的反照率，使得海冰吸收更多的太阳辐射，促进海冰进一步融化。融池冰要是夏季没有融透，池内水则以积雪融水为主，几乎没有盐分，可以认为是淡水。融池冰要是能残留下来，在秋季就会重新冻结，积雪覆盖后表面看起来就跟普通海冰没有太大的区别。但从盐度观测结果来看，则完全不一样。融池冰重新冻

■ 滑雪

结而成的二年冰冰厚有 82 厘米，上部大概 55 ～ 60 厘米的冰层盐度都很低，最大不超过 1。要知道，北冰洋结冰季节表层海水的盐度可以达到 32 左右。到了冰底 20 ～ 30 厘米，海冰盐度迅速增大，在 5 ～ 8 之间。很明显，这一段的海冰是这个结冰季节冻结起来的。另外一个采集点得到的冰样则完全不一样，是当年冰季新生长的海冰。盐度剖面呈现典型的“C”字形，就是表层比较高，因为冰很薄的时候海冰生长很快，很多盐分会包裹到冰里；然后随着海冰生长率的降低，盐分也会降低；到了冰底，盐分来不及释放，也会有比

较高的盐度。再结合海冰的其他参数，比如密度、晶体结构、氧 18 同位素等，就可以大致还原海冰生长过程的前世今生了。

MOSAiC 有一个博客，船上和陆地上是同步的，也就是说我们写的博客，家里和老百姓都能看见。媒体组写的博客挺有意思，一般分成两部分。第一部分是讲述 MOSAiC 发生的事情，所见所感；另一部分是历史上 1893 年同一天，南森随弗拉姆号漂流过程中写的日记。比如 11 月 9 日，MOSAiC 是离港的第 51 天，随冰开始漂流的第 36 天；而 1893 年的同一天，南森已经随弗拉姆号漂流了 112 天了。那天南森在拉普捷夫海陆架测得冰下混合层水温为零下 1.5℃。南森在北冰洋开展的观测为我们认知这片荒芜的冰洋，做出了杰出的贡献。126 年前，尽管观测设备很简陋，但他们的很多观测结果到现在都是适用的。MOSAiC 上搭载了来自绝大多数北极研究强国的最著名研究所的科学家，他们携带了当今所能利用的最先进的观测设备，跟南森一样，为认知北极，在寒冬的北冰洋坚守着。我们离港 2 个月，有些物资已经开始短缺了，其中包括蔬菜、水果和鸡蛋，而要等到补给船来临还需要一个半月。但我们比南森们还是幸福的，因为我们的工作是分航段的，在包括中国在内的多个国家的支持下，MOSAiC 有多次物资补给和人员轮换的机会。

Day 55

11 月 13 日

一路向北

冰站漂流的第 40 天　北纬 86°6.96′, 东经 117°57.86′　-21℃

今天浮冰基本就是向北漂，有时候向东或向西偏一点，但都在 30° 范围内，浮冰流速最大达到了 0.4 节。一天下来向北漂了 0.1 个纬度，也就是说 11 千米。这主要受到波弗特高压和斯瓦尔巴群岛低压的影响。这样的趋势，领队当然开心，MOSAiC 要是能穿过北极点，那这冰站选得就有点神了。毕竟穿极流是一个很宽广的范围，我们作业区的海冰会经过北极点附近海域，然后向弗拉姆海峡漂去。但北极点附近海域，87° 也算，90° 也算，海冰漂移主要受到风的影响，漂移速度是风速的 1% ～ 2%。受到科氏力影响，在北极向右偏 10° ～ 30°，所以漂移轨迹随机性很大。但无论怎样，向北漂是件好事情，至少可以保证海冰不会漂到俄罗斯专属经济区，否则就不能作业了。

11 月 11 日，星期一风速达到了 17 米 / 秒，积雪很快风化了，变性为粗颗粒的粒状雪，积雪的密度、热力学和力学特性都发生了比较大的变化。组长 Jari 将其定义为重要事件，应该加强积雪坑的观测和冰面形态的激光雷达扫描工作。另外，天气预报也认为星期六和星期天有比较强的风暴，会伴随强降雪和升温过程，最高气温可能升高至零下 10℃。这两天的强化观测其实也是为周末的天气过程提供一个背景观测结果，下个星期再进行一次强化观测，我们就可以从观测结果里看出星期一的强风和周末的风暴降雪过程对积雪和海冰物理过程的影响。经 Jari 的提醒，大气组给了很好的响应，他们可能会为周末的天气过程安排强化观测，比如释放探空气球等。Davi 是做积雪研究的，

风 · 雪 / 王磊 摄

他显得很兴奋，因为他一下成了观测的主角，很多人都会问他，这两天雪有什么变化！

11 月 10 日那天，MOSAiC 冰站的漂移方向发生了明显的变化，几乎就是 360° 地从南偏西转向至北偏东。积雪受风影响，雪隆的排列也发生了明显的变化，积雪明显顺着风向排列，在冰脊的迎风面和背风面，积雪厚度差异比较大。这些观测的结果，在家里是想象不到的，这也是观测的重要性，我们需要把这些观测的事实用数学公式写进气候模式里，才能有效地提高对北极气候和海冰的预测能力。

今天 Marcel 在全体会议上展示了 ROV 在冰底的观测视频，冰底的粗糙程度比冰面更加明显，冰脊被挤到冰底的叫龙骨，比教科书呈现得更加错综复杂。更有意思的是，ROV 跑到船底去了，使得我们可以详细看清船底的结构，我们发现船尾的螺旋桨都冻上冰了。当然，冰站漂流期间船是不启动的，现在冻上也就让它冻上吧。利用水下机器人观测冰底的形态，在我们的北极考察也开展过。但我们的冰站只有 10 来天，用 3 天的时间钻冰洞、准备设备，只有 4 ~ 5 天的观测时间，只能在很有限的范围内重复观测 2 ~ 3 次。MOSAiC 的 ROV 则不一样，理想的话，它可以完成一整年的观测。在 200 米见方的范围内，可以每周完成一次重复观测。这样的话，这个范围内冰厚是怎么变化的就一目了然了，这是单点海冰物质平衡浮标观测的有效拓展。由观测数据可以知道海冰增厚有一部分原因是由热力学引起的，有一部分原因则是由动力学引起的。

Day 56

11 月 14 日

防熊总动员

冰站漂流的第 41 天 北纬 86°10.45′, 东经 118°15.00′ −13.8℃

熊的一次次造访证明了北极熊并没有真正的冬眠，后勤总管 Verena 很是担心。尽管每次都能很顺利地将北极熊撵走，但谁知道下次的情况会是怎样的呢。最近后勤组也想了很多办法，首先他们在主要观测区外围架起了通电的防熊网，通的是弱电，主要起到警示作用。这防熊网也有误报的时候，有一次，海洋观测站的防熊队员是一位媒体组的女生，第一次防熊，没什么经验，听到防熊网的警报声，二话不说就把海洋组的观测人员从 CTD 帐篷里叫出来往船上撤离了。撤离前，她把子弹都上膛了。驾驶台通过对讲机已经告诉海洋组是误报，不要紧张，可以回到作业点继续工作。然而处于紧张状态的海洋组一路狂奔，驾驶着雪地摩托往船的方向赶。当回到舷梯才发现别的作业组一点反应都没有，对讲机的声音这时候才能听进去。虚惊一场，但虚惊也是一种演练，在防熊的问题上，过分小心总比大意强。除了防熊网之外，后勤组还在一些重要的区域架起了瞭望塔，装上了探照灯。驾驶台指挥中心，专门设置了一个指挥战术板，跟足球教练使用的战术板有点像。上面标示了 Polarstern、海洋观测站、遥感观测站、气象观测站、ROV 观测站、断面观测区、冰芯采集区的相对位置。当有作业组到某个作业点的时候，后勤人员会把一个磁铁放在该位置，驾驶台瞭望就会根据战术板的指示有所侧重。这个航次，Polarstern 还专门装配了两个红外高清摄像头，普通摄像头到了极夜就不管用了。但红外摄像头也有个问题，熊在摄像头里，温感率比人还差，说明它们身体散发的热量是很低的。所以靠摄像头发现熊也是很难的。只有当人已经看见熊了，利用摄像头跟踪熊的动态，才能起到一定作用。

人员下冰，会有更加正式的程序，大致包括 4 个步骤。头天晚上的全体会议，需要向考察队报告明天的作业需求，作业当天的早上会根据天气、海冰和熊等客观因素进行简单的确认；上冰前，作业组的组长需要在网上登记出行的人员、作业内容和防熊队员等信息，领队会对作业任务进行批复；在舷梯口，根据船舶管理要求，所有人员需要签名，回来的时候需要签到；队

■ 路 / 蓝木盛 摄

员离开船和回到船都需要利用对讲机跟驾驶台确认，队员在冰上作业，任何人员和作业地点的更换也都需要报告驾驶台。

后勤组一共有 8 人，他们会留 1 名队员作为驾驶台协调人员，工作包括防熊队员的枪支管理和驾驶台联络等，其他人员会作为重要或者偏远作业点的防熊队员，船尾的瞭望人员以及冰上后勤物资，如雪地摩托、电缆等设备的维护人员。后勤人员里只有 2 名是 AWI 的工作人员，有 6 名则是航次雇的，大多都是北欧国家的探险家，还有 1 名是德国的警察。其中 Audun Tholfsen 在 2014—2015 年期间曾经利用一个气垫船作为营地和另外一名探险家一道完成了一整年的穿极漂流，在挪威一度传为佳话。冰站作业期间雇佣的后勤人员一天工资 300 欧元，这样的工资也是值得的，每次有特殊情况都是他们冲在前面，每天防熊都是挑最偏远的作业点。队员们都说，专业的防熊队员太少了，科学家防熊更多的是发现熊，应急，谁都不能保证能把熊怎么样。

今天，Verena 根据冰站作业的具体情况，以及最近遇到的各种状况，进行了总结，也给大家防熊提出了一些要求和建议。“作业前和作业中，你都需要时刻提醒自己，假如熊来了，你会怎么办，防熊队员、作业组组长以及普通队员，所应该采取的应急措施都是啥？”这是她报告里讲得最多的话。

Day 57

11 月 15 日

海冰又破碎了

冰站漂流的第 42 天 北纬 86°11.49′, 东经 118°29.01′ −16.1℃

天气预报显示星期六和星期天有大风过程，然而大风未至，海冰却开始破碎了。还好，破碎的海冰位于船的左舷，不是做站的区域。那一片海冰大部分是新冰，上次海冰破裂，ROV 站点就是漂到这里的。冰缝有 10 ～ 20 米宽，从南向北延伸了有 2 ～ 3 千米，这从船基雷达上清晰可见。昨天其实就有一道几十厘米宽的冰缝出现了，由于那里不是主要作业区，大家还不是很在意，现在出现这么宽的冰缝，可以定义为水道了。希望这水道不会往主冰站发展，只要能稳定下来，水道在这样的低温环境下是很容易冻上的。前几天，大家还觉得海冰最近还挺稳定的，就像北极熊一样，真是说什么来什么。早些天，大家都说北极熊不会再来的，结果熊就来了。这两天，大家说海冰不会再破碎了，结果还是破碎了。这就是极地，谁能说得清楚呢。人类对冬季北冰洋的了解不会比对月球的了解多多少，历史上的航次也就是数得着的那么几次。这次海冰破碎可能跟前几天海冰快速漂移然后这两天又发生多次的漂流改向有关。星期六和星期天的大风还不知道会带来怎样的影响，为安全起见，考察队已经决定停止星期天的科考活动。当然，科学家就是科学家，很多组已经向领队申请，开展少量的作业，以便抓住这次天气过程，获得这次事件对大气、海洋和海冰过程的影响，比如，海洋组希望做冰底湍流的观测；大气组希望能在冰上释放探空气球等。领队说，那就等星期天，根据具体情况酌情考虑吧。

说到熊和冰，在北极的冬季，可能就是考察作业最大的危险了。前两天，大气组的 Ola 和海洋组的 Mario 重返了 L2 站和 M8 站，主要是对在那里布放的设备进行维护。很不幸，在 L2 站布放的气象观测系统，被北极熊玩耍了一把，很多线缆都被扯断了。观测系统上有倾角计，观测结果表明，观测系统在某个时间点，突然就倾斜了，冰面没有破裂的痕迹，显然这是北极熊的杰作。好在，北极熊似乎只对 Ola 的气象系统感兴趣，其他浮标都完好如初。M8 站更甚，损失可谓惨重。M8 站是利用 Fedorov 靠泊做的站，当时船边就出现裂缝了，为了避开裂缝，我们还往浮冰中央走了 100 来米。但是冰还是很薄，只有 40 ~ 50 厘米厚。为了安全起见，Mario 的积雪浮标和小方的海洋剖面浮标都安装在冰脊上，当时冰洞还是我钻的。李涛的 D-Top 海洋浮标则安装在再往里 100 米的冰上。我安装的是海冰物资平衡浮标，本来我就希望安装在薄冰上，这样有利于抓住薄冰的生长过程，所以对安装点并没有太多的讲究。人算不如天算，结果一次冰脊形成过程，造成了积雪浮标和两个海洋浮标全部阵亡，只观测了两周。Mario 去看了一下，状况惨不忍睹，浮标都被挤压碎了。我们的海冰物质平衡浮标幸运地避开了这次事故。

在 L 站和 M 站布放的设备，陆续出现了一些状况，有些是可以修复的，有些则像 M8 站那样是难以修复的。然而，总体来说，存活的浮标还是占绝大多数。现在的问题是，直升机只能到 L 站和装有直升机降落灯的两个 M 站进行设备维护。降落灯安装在比较平整的冰面上，是可以遥控开启的，而且配合安装了 AIS 导航系统。直升机很容易通过雷达发现 AIS，然后在空中悬停的时候，把降落灯遥控打开。有些 M 站是直升机支持布设的，所以没有安装导航系统和降落灯。没有这些辅助工具，在极夜，直升机是没有办法降落的。除了维护设备外，直升机还会支持队员到 L 站采集冰雪样品和测量冰雪厚度，是主冰站的重要补充。

静静的顿河

Day 58

11 月 16 日

冰站抢险

冰站漂流的第 43 天　北纬 86°9.58′，东经 120°55.83′　-6.6℃

昨天，大风未至，冰缝先开了。一宿下来，冰缝发展得很快，有很多本来不起眼的缝隙都发展成冰缝，甚至成水道了。有两条冰缝从船头延伸至了遥感观测站，在该观测站纵横交错。早上，海冰组临时决定取消其他作业，全力抢救遥感观测设备。Gunnar 是遥感组的总负责人，他先是带了 2 名队员到作业点，Jari 把昨天晚上放在冰上的设备拿回来到船后就马上带上 2 名俄罗斯的队友支援遥感组了。Marcel 去 ROV 作业点检查了一下安全隐患，把 ROV 从水下拿出来了。一般情况下，不作业的时候 ROV 机器人连同传感器都是泡在水下的，因为水下的温度要比空气中的温度高得多。作业完，Marcel 也带领 ROV 组去了遥感作业点。最高峰时，有 10 来名队员在遥感组工作。

离冰缝最近的设备只有 1 米，那是一个微波辐射计。有冰缝就会有被挤压的区域，作业点形成了一个 2 ~ 3 平方米的浅水池，那都是因为海冰被挤压造成的。其中 Ku/Ka- 波段雷达几乎就泡在浅水池里，好在遥感组的所有设备都是架设在雪橇上，雪橇周边或底部还捆绑有浮体。Jari 用铲子把架设有 Ku/Ka- 波段雷达的雪橇铲松，然后几个人把雪橇拖上来。这些雪橇都是找一个叫 Ratcliffe Ellis 的公司特别定做的，形状和尺寸都根据设备而有所不同，用心良苦啊，好在都派上用场了。几个人，整整花了一个上午的时间，才把所有的遥感设备撤离到冰脊上，只留下了红外摄像机用于监控现场的发展。Gunnar 打算下周等天气和冰况都稳定下来后，再计划怎样重新安装设备。

冰站抢险

其他作业组的人也都检查了一下各自的设备。后勤组主要对电缆的安全隐患进行排查，他们把车辆停放区域的积雪清理了一下，以免大风过程造成风吹雪把车辆给埋了。有些电缆因为冰缝扩张，拉得太紧了，需要重新窜一窜，重新固定。海洋组作业点没什么问题，所以他们抓紧时间做了 5 个剖面的海洋湍流观测。大风天气有可能加强表层海水向下混合，加快海洋热量向大气释放，要是配合上水道的形成，这种影响则更加明显。海洋组说了，要是明天天气允许，他们还会继续作业。实际上，下午大风就如期而至了。下午作业的也只有海洋组和遥感组。遥感组主要是进一步收拾东西，然后把一些不好固定的设备带回到船上。海洋组还是做他们的湍流观测。到了下午 2 点半，防熊队员实在是站不住了，风速已经达到 16 米 / 秒了，只好让他们撤离回到船上了。

晚上，风力继续加强，最大风速达到了23米/秒，9级风了，这是这个航次遭遇的最大风速。还好，晚上的风向有所变化了，原来通往遥感观测站的冰缝闭合了，形成了新的冰脊。张张合合，这就是海冰的动力学过程。这些过程使得海冰并不是静态的热力学生长，海冰并不平整，冬季也有可能形成冰间水道，后者为海洋热量的释放起到了通风窗口的作用。

考察队说了，明天大风天气不会减弱，所以不安排科考活动，晚上安排了酒吧活动。大家连续工作8周了，都没有好好休息，明天是完全的放假休整。但做海冰动力学的Jari没有休息的意思，他准备连续工作一个晚上，人工记录船周边冰缝和冰脊的发展，以配合他的应力浮标和船基雷达观测数据的分析。

Day 59

11月17日

裂缝只是险情的开始

冰站漂流的第44天 北纬85°59.76′, 东经122°30.24′ −14.6℃

说好的休息天没有了，对于后勤组来说，今天是航次开始以来最忙的一天。格林尼治时间11月16日14：30（船时20：30）最大风速上升到23米/秒，最高气温上升到了零下5℃，这也是这个航次入冬以来风速最大和气温最高的一天，同时伴随着强降雪过程。昨天，冰站的主观测区形成了南北走向的贯

■ 孤岛

穿冰裂缝。冰缝的形成才是险情的开始，夜间随着风速加大和风向改变，主观测区彻底被分成了两部分。气象观测区、ROV 观测区和遥感观测区与主冰站分离了，形成了孤岛，水道有 20 ~ 40 米宽，与主观测区连接的电缆全部拉断。今天，风速有所降低，后勤组人员上冰全力抢救剩余的电缆。万幸的是，目前为止，重要观测设备没有损坏。

北极风暴一般发育于亚北极区域，其中北欧海是主要的发源地，这一次遭遇的气旋也是发源于北欧海。强气旋进入北极，会给北极带来更暖湿的空气，影响海冰的生长，降低海冰的强度，同时强风会促使海冰发生破碎。今年 10—11 月大部分时间，北冰洋海冰范围都处于有观测记录以来的最低值，随着北极海冰范围的不断减少，海冰厚度也在不断减小。海冰变得更加脆弱，对风暴的响应加大，海冰动力学过程增强。

到了下午，风向又有所变化，水道有所闭合，甚至形成了冰脊。然而这种闭合是暂时的，到了晚上，风向一变，主观测区的裂缝更多了，海冰碎片化，Polarstern 的船头缆桩锚碇的浮冰都从冰站上分裂出来了。船的左舷更是出现了一片开阔水域，前几天这里还能上人走雪地摩托。遥感组的负责人 Gunnar，气象组的 Matthew 和 ROV 组的 Marcel 都望洋轻叹，心里都在祈祷海冰不要进一步破碎，否则冰上的设备都难保了。这些设备动则就上百万元，如果真掉到

海里，很多设备连备份都没有。MOSAiC 的漂流观测才开始，从进入规则观测期以来，我们开展了大约 3 周的连续观测，像 ROV 这样更换过作业点的工作才进入正轨，这一下子被打回原形了。所幸的是，海洋观测站和探空气球观测站还完好如初，但离冰缝也只有 20 ～ 30 米了，谁又能保证能熬过今天晚上呢。Mario 真是大心脏，是“大场面队员”，在这样的条件下，他今天还坚持作业，一天完成了 10 个剖面的海洋湍流观测，连同昨天的观测，完整地抓住了这次强风暴影响上层海洋混合的过程。水道打开后，我们看见水道就像桑拿房一样，向大气散发着热量和水汽。在 MOSAiC 冰站周边，形成的水道最多的时候占到冰站总面积的 10%，在其界面上散发的能量有可能比冰面的总和还大。海冰变薄，动力学过程增强，水道形成概率加大，海洋向大气释放的热量增多，从而促进北极秋冬季进一步变暖，这是一个很强的正反馈过程。

今天是 MOSAiC 出航离开特隆姆瑟港的第 57 天，MOSAiC 冰站开始漂流的第 44 天，还有大概 30 天我们就会迎来补给船和第一批轮换队员。我们的主观测区的海冰已经破碎了一半了，满目疮痍，往后继续在这漂流的话，冰站还需要重建。灾后重建工作，没有外援，因为整个北冰洋，这个季节已经没有其他的考察队和考察船了，我们只能靠自己，然后祈祷上天帮忙，天气和冰情能转好。

Day 60

11 月 18 日

大自然是神奇的

冰站漂流的第 45 天 北纬 85°49.08′, 东经 120°29.92′ −12.3℃

前两天的风暴过程，把主冰站弄得支离破碎，昨天晚上，很多人的情绪都很低落。Gunnar 一般情况下都会很冷静，但也酌起了小酒；Matthew 眼睛通红，估计这两宿都没有好好睡觉，据说他每隔 1 ～ 2 个小时就会到驾驶台观察一下气象观测站的变化，30 米的气象塔被吹得有点变形了，还好，没有倒下。

早上，一起来，我就到驾驶台瞭望冰站的情况，心想要是需要全部撤离科考物资，该是一个什么样的挑战。不看不知道，一看吓一跳。记得以前有位北极考察的队友总爱说一句话“北极有很多的万万没想到”。风向改了，冰站合拢了，原来破碎的浮冰，像七巧板一样又拼在一起了。尽管还没有完全冻结起来，但也相当的稳定，浮冰与浮冰之间甚至形成了冰脊。左舷的水塘没有了，冰又回来了。船上能人很多，Gunnar 很快就把 TerraSAR−X 主动微波影像做成了动画。我们看到，南北走向贯穿主观测区的冰缝不但穿越了整个 MOSAiC 浮冰站，还蔓延了 20 来千米。Jari 的船基雷达影像更是详细记录了从 15 日至 18 日 Polarstern 周边 10 来千米海冰的动力学演变过程，也就是冰缝开合以及冰脊形成过程。媒体组的 Nikolaus 在船头架了一个相机，用来监控船头海冰的变化，是每隔 5 分钟自动拍摄一次，最后做成一个动画。上面说到的影像和数据，都很好地回答了昨天晚上发生了什么事情。

总体来说，这次风暴过程基本上算是过去了，风速慢慢降下来了。大型设备并没有遭遇灾难性的破坏，遥感组的设备全部中止了观测，但也只是挪到了更安全的冰面；通往 ROV 和气象观测站的路和电缆中断了，开不了雪

地摩托车，需要重新修路和架设电缆；气象组 30 米的塔被风吹得有点挠曲变形了，需要等到风再小一点，才能采取修复措施；主冰站有些本来定义成周期性采样区的区域由于海冰形变不复存在了，需要重新寻求合适的采样区。除了这些影响外，风暴并没有给 MOSAiC 冰站造成灾难性的影响。中午吃完饭，临时开了一个全体会议，主要是通报了一下现在冰站的情况和面临的问题，重新安排了下午可以开展的科考作业，以及给后勤组增派了足够的支援人员，对电和路网进行修复。有些观测站，需要尽快通上电，否则没有加热措施，很多传感器就被冻坏了。

手指结的痂开始慢慢脱落，最近内心会比较着急，有时候巴不得把痂都揭下来，但手一触摸到伤疤又特别的疼。掉了痂的部分，皮肤还没有长好，有点像刚出生的小老鼠，鲜红鲜红的。手没好，不能上冰，一方面对工作是一种耽误，另一方面对身体也不好。每天都只能在船上转悠，从楼下的实验室到楼上的驾驶台，一天下来，我都怀疑自己有没有走到 1 000 步。这样下去，在没有阳光，没有蔬菜，没有运动量的情况下，有时候我怀疑自己的身体会不会逐步变差。每天开组会，安排工作，大家都很忙，就我一个养病的，只能干些室内工作，显得有些尴尬。我好像跟忙碌的冰站工作没有多大关系，所以心急如焚，希望自己能早点康复，然后正常工作。冻伤可能就是一念之差，要是工作中间能暖和一会儿，缓冲一下，可能什么事都没有，一点小的失误可能就会带来很大的麻烦，这就是极地野外工作的特点。

Day 61

11 月 19 日

大雪大雾

冰站漂流的第 46 天　北纬 85°47.54′, 东经 120°46.11′　-7℃

早上起来，跟往常一样，到驾驶台瞭望了一下，因为驾驶台位置高，一眼望去，冰站的情况尽收眼底。探照灯指向的是气象观测站，一般来说，探照灯指向什么地方，那里肯定是发生了什么事，或者可能要发生什么事。第一眼，感觉少了点什么，再细想了一下，气象观测站的标志性建筑物、他们的主要观测平台 30 米的气象塔不见了，探照灯范围内只有 11 米的塔。昨天，就发现 30 米的塔已经发生挠曲变形了，难不成气象组的队员昨天连夜把它拆了。问了一下驾驶台值班的，不是，塔倒了，连基础一起倒了，可能是因为塔基旁边出现了裂缝。30 米也就是 10 来层楼高，塔倒下了，传感器自然就损坏得一塌糊涂了，气象组遭遇了 MOSAiC 冰站建站以来最大的设备损失。

从早上起，能见度一直不好，现在风小了，只有 3 ~ 4 级，但雪下得越来越大，再加上浓雾，能见度很快就下降到 200 ~ 300 米。这种情况，在冰站建起来后是并不多见的。海冰进入生长季节，作业区域海冰密集度始终维持在 95% 以上。而且我们到了 Polartern 以后大多数日子都是受到高压系统控制，气温维持在零下 15℃以下，这样的天气条件下，是很难起雾的。我们以往到北冰洋来考察，大多是夏季的 7—8 月，那是海冰的消融期，哪怕是北冰洋中心区域，也有大片的开阔水域存在，冰面发育着大量融池，气温也比较高，这样的条件下，很容易形成蒸发雾，影响到船舶航行、冰站和直升机作业。但到了冬季，这种情况就很少了，所以能见度一直都很好，只是没有了光。这几天，主要受到低压系统影响，气温已经上升到零下6℃到零下10℃了。一方面气旋带来更多的暖湿空气，另一方面大量小的水道打开，水汽蒸发也加强了。这些都是形成大雾的可能因素。大雾一直到下午3点才逐渐消散，大家开始上冰干活，都希望把丢失的时间抢回来，而且昨天晚上，冰缝还神奇地合上了，似乎老天爷也在帮我们的忙。

然而，人算还是不如天算，吃完晚饭，发生了两件大事。第一件大事是风向一变，海冰又分开了，本来就没有冻结结实，所以受到的风应力不均一就有可能再次分离。布置有气象、遥感和ROV观测站的浮冰相对Polarstern向南位移了大约500来米。原来相隔不到40米的遥感观测站和海洋观测站，现在相距大约600米了。最危险的是这两个观测站现在离水道都不到20米。遥感观测站的观测本来就停了，只要找机会过去把设备挪到更加安全的位置就可以了。海洋观测站比较麻烦，里面有布设好的CTD和绞车，要是换地方挖冰洞、搭帐篷和架设备，就需要大量的人力支援。随机应变吧，今天海洋组的工作是正常进行，明天也没有打算挪地方，要是发现新的裂缝再做打算吧。

破碎的冰站

第二件大事就是熊又来了，一来就是3头，爸爸妈妈带着小孩。这好像是经常出现的场景，我们到北极考察就遇见过。也奇怪，熊并没有靠近船和主观测区的意思。熊是从船尾出现的，因为没有人在冰上作业，船上只是鸣笛了，没有人打信号枪。然后，3头熊从左舷以外200～300米处向ROV作业点走去，最后走到作业点的时候，小熊见到作为标记物的旗子就玩弄起来，熊爸爸熊妈妈见小熊没有跟上，就不断回过头来跟小熊打招呼，可能意思是“别顾玩了，我们赶紧走吧，这里也不知道是什么地方，到处都布满机关，好像很危险……”。有水道有冰脊的，熊也不好走，一直走了3个多小时，才逐渐离开了大家的视线。由于离得比较远，大家也只能用望远镜和红外摄像头观看熊出没的现场直播。

海冰的错位和熊一家的到来，使得驾驶台来了很多观众，最多的时候可能有30～40号人。媒体组一阵拍摄，记录了这2～3个小时惊心动魄而又不乏诙谐的场景。气象组为获得持续的数据，今天已经开始采用发电机供电了，但明天还得补充一台大功率的发电机，以供更多的观测设备使用。明天冰站会怎样呢？不知道。

Day 62 11月20日 风暴过后

冰站漂流的第47天 北纬85°45.54′，东经121°30.83′ −17.6℃

早上，Marcel做了两件事。在MOSAiC博客上写了一段文字并配了一些图，说明现在冰站的大体情况。博客是船上和家里都能看到的，也是对外开放的，这样可以让MOSAiC涉及的科学家知道冰站所处的状态，也让大众知道MOSAiC作业的不容易。另外，他还给在船上和在家的海冰组同事写了一封长信，主要也是说明现状，安抚民心。MOSAiC动用了世界上最好的后勤支持，有幸参加的科学家都希望基于这样的平台，贡献自己最大的智慧，把实验室最好的设备提供出来，尽可能争取项目支持购买新的设备，大家都希望多做点什么，向世人提供最新的观测和研究成果。基于这样的背景，冰站的命运其实也牵动着上百个课题组，上千名科学家的心。Marcel，我们认识10年了，在这10年里，他已经从一个博士后逐渐成长为科学领军人物了，这个航次他是副领队，专门负责业务工作。今天做的两件事就显现出了他的成熟。航次管理就得是这样，一个航次，不可能满足所有人的需求，再说需求有时也是没有尽头的。更多的是沟通，让大家了解到考察队的难处。让大家知道，考察队正在往前走，没有人不努力，但我们也要顺应自然。

昨天裂开的水道又闭合了，这不是什么好事。海冰在一次又一次的撞击中形成了冰脊、形成了次生裂缝。海洋组观测站本来就很靠近水道，现在水道边上闭合了，形成了一座3～4米高的冰脊。Jari一再提醒海洋组的队员，冰脊迟早会压到帐篷来的。果不其然，到了下午作业的时候，地球化学循环

■ 小型履带车 Argo

组的 Katarina 就向驾驶台报告，他们冰芯采样的区域出现了新的裂缝，应该是通往海洋观测帐篷的。一般海洋组作业的人员到了帐篷后，作业前的第一件事是清理冰洞。然而今天，这不是一件简单的事情，有一块几乎把整个冰洞堵上的海冰从水里冒了上来。冰洞有 1 米见方，冰块也有差不多 1 米见方，应该是冰脊那边压过来的。冰脊形成前，海冰先是挤压破坏。一部分冰压到水线以下，则会发生弯曲破坏，受拉伸力作用的一面拉伸力大于了海冰的抗拉能力，然后就断裂。断裂的海冰有一部分会挤到冰面以上，形成冰帆高，一部分则会继续压到冰底形成冰龙骨，这就是海冰厚度的重新分布。先不说海冰动力学，海洋组的队员刚开始还不打算撤离换地方，毕竟更换作业点，就会耽误很多时间，数据就是科学家的命根。但情况似乎并不受他们控制，当然不会被控制。在渤海，海冰还不是很厚，一般不超过半米，但冰排的作用已经足以让石油平台受损了，在北冰洋情况会更严重。等海洋组的队员把冰洞的冰清理得差不多的时候，就看见冰洞两边的裂缝已经有 10 ~ 20 厘米宽了，横跨冰洞的两侧。也就是说，要是冰张开的话，帐篷会连设备仪器滑落到海里，变成救生筏。撤，除了撤还有什么招呢。然而，撤，也不是那么简单。首先要把 CTD 拆下来，运回船上；然后把帐篷周边的冰雪都清理干净。帐篷不能拆，否则再组装就太麻烦了，但人是拉不动的，雪地摩托也拉不动，还好，考察队配备了小型的履带车，队员们管它叫 Argo，可能是厂家的名字吧。当帐篷没有明显障碍物阻挡，比如冰雪，是可以用 Argo 拖拉的。海洋观测帐篷的撤离是领队 Markus 亲自指挥的，Marcel 则主要指导冰雪的清理工作，后勤组负责 Argo，Mario 负责帐篷的固定。本来下午海洋观测站的工作是粒度剖面仪的观测，所以木盛、海伦和任健都在现场帮忙。当然，这么重要的行动，媒体组一定会在现场的。从下午 2 点到 5 点多，经过 10 来号人的努力，最后终于把帐篷拉到了安全区域。木盛一脸惘然，下一个粒度剖面观测会什么时候实施呢。

今天靠近水道区域的遥感组观测站也实施了设备的进一步撤离，他们需要把电站也挪走，而他们的作业点已经是水道的另外一边了，走过去，绕了一大圈。原来定义的暗区采样区部分已经漂到海洋观测的冰洞旁了。防熊隔离网完全错了位，一部分在船头，一部分还在原来的地方。撤离电站，由于人手不够，想了各种办法，把木梯当雪橇用，一点一点把电站挪到了冰脊高地。

Day 63

11 月 21 日

冰站 2.0 版

冰站漂流的第 48 天 北纬 85°44.35′, 东经 120°53.40′ −15.6℃

冰站原来的固定作业点只剩下探空气球和船边的 CTD 观测了。气象观测站靠发电机和电池维持着；海洋组把重心转移到了船边的 CTD，然而船边的观测会受到船体本身的影响，海洋生态和化学家并不喜欢这里的水样；遥感组的设备还在 Standby。后勤组把电缆和小型变电站都找出来了，吊到了船边的冰面上。从船上输出的是 380 伏的电，若用 220 伏，走 1 千米的电路，这么冷的天气，电压很容易就下降了。船电到了各个作业点以后，经过小的变电站转成 220 伏的电，供观测仪器使用。尽管电缆和变电站都准备好了，但怎么铺，铺往何方，现在还没有计划，海冰破碎度太大了。冰站已经进入 2.0 版本了，这不是升级版，而是打补丁的维持版。目前，MOSAiC 的最大矛盾是可作业的内容不多与科学家作业渴望太强烈之间的矛盾。随着时间的消逝，从秋季到冬季的过程就过去了，参加其他航段的科学家，经常会发邮件给船上的同事问，怎么设备还没有布放下去。我们心想，要是布放了，很可能就已经被冰挤坏了。

冰面很多作业点还不能开雪地摩托过去，只能靠人拉着雪橇前往作业点观测或维护设备。很多队员都自己带了滑雪板，滑雪拉雪橇相对轻松点，也比较安全，毕竟滑雪板有差不多 2 米长，人踩在上面，压强是很小的，遇到小的冰缝也不至于陷进去，滑雪拖拉雪橇也比靠人直接拉省力一些。这是一个不错的选择，当然前提是你得会滑雪，而且还要滑得比较好，毕竟这里的

停摆的遥感观测站

冰是不平整的。

今天，手指结的痂完全脱落了，留下了粉嫩的皮肤。角质层还没有长起来，血管还比较脆弱，皮肤生长需要营养和血液，这供求之间的矛盾导致手指还有点肿胀，碰上它会很疼。前一阵，医生都是让我带上棉花指套，医生自己做的，先是裹上一层厚厚的棉花，然后用纱布指套套上。这两天，医生看我结的痂都掉得差不多了，建议我用可以重复使用的皮质指套，这样就不用总找医生了。看医生，本来也不是什么好事，现在医生说可以少来找他了，这是很好的信号，说明医生也觉得我的手指可以慢慢自己痊愈了。皮质指套其实没有棉花指套戴得舒服，而且我不知道为什么指套的缝边是朝里面的，这样新嫩几乎没有角质层的皮肤碰到缝边肯定会很疼。然而，我内心更加愿意接受手指快好的信号，所以我满口答应了开始使用皮质指套。医生也比较nice，他说要是你觉得戴得不舒服，中午可以找他换。一天戴下来，其实也会觉得不舒服。我只是把指套翻过来了，让缝边朝外面，里面自己找了干净的头巾做了一个衬布，感觉还行，就没有再找医生了。换一个指套，我需要用仪式感证明我的手往很好的方向发展。结痂，有的是我一点点揭下来的，我总觉得结痂揭下来后，不会紧紧箍着手指，对手指会好一些。现在结痂全部脱落，说明我的手指也进入了 2.0 版本，也是打补丁维持版。

后来，是 Jari 替我去采冰芯的，他去的那天零下 28℃，体感温度更低，最低达到零下 45℃，下午 2 点多才回来。别人问他冷不冷，他说冷这种事不好说，说冷大家都会冷，只是不知道什么时候是自己的极限。若别人问你，用中国话说，肯定是还行，在还行还行中就有可能冻伤了。冻伤和烧伤的结果有点像，但过程不一样，身体被烧或者烫伤之前都会感觉很疼，疼就能让人产生应激反应，从而避免更大的伤害。但冻伤之前，人的反应只会更加迟钝，像我的手指，回到船上也没有感觉到，只有等科考物资都搬好整理好，回到寝室把手套脱了，暖和起来才发现。没有感觉，这是寒冷给我们带来的最大危险。

最近大家反映商店的物品开始限购了，有些畅销的巧克力一个人只能买 3 块，有些已经没有了。随着时间的推移，船上的物资开始匮乏，我们也发现有时有些肉吃起来味道不对，可能运输过程中的某个环节出问题了，也可能是解冻过。还有一个半月才能再次回到陆地上，这是我离开陆地时间最长的一次，I miss the smell of the land。

Day 64 11月22日 艰难中前行

冰站漂流的第 49 天 北纬 85°43.84′, 东经 120°37.12′ −15℃

风暴过去 3 天了，风速已经降下来了，今天只有 3 ～ 4 米 / 秒。然而，海冰前几天被撞击得太厉害了，原来不太明显的裂缝，不断地发展起来，各个作业点都有不同程度的状况出现。遥感观测站，已经成孤岛了，当然现在观测都停了，只是设备摆在那等待时机转移。Gunnar 打算明天把设备适当转移一下，开展一些可以用发电机支持的工作。气象观测站周边都是裂缝，观测站说不定什么时候就分离了，再次发生像气象塔倒塌这种事故也不是没有可能。ROV 还在那里静默着，Ian R 和 Marc 尝试滑雪到那里作业，居然成功了。他们滑雪的时候，我刚好在驾驶台值班，俩人的一举一动都尽收眼底。显然他们俩都是滑雪高手，Marc 是瑞士人，现在在阿拉斯加工作，这样的背景下，滑雪不好才怪呢。Ian R 是 Don Perovich 的学生，Perovich 是海冰组的学术指导专家，同时也是当今海冰物理学研究旗帜式的人物，能被他派出来参加第一航段的人也肯定不一般。据说，Ian R 原来是做冰川野外工作的，从小就喜欢修理东西。没受伤之前，我和 Ian R 出去工作过几次，发现他什么都做得挺好，搭帐篷特别的麻利。

Perovich 的学生，负责的观测项目自然也多，激光雷达扫描、激光海冰形变测量和热电阻丝海冰厚度测量等。Perovich 是 SHEBA 海冰漂流观测项目的共同首席。SHEBA 是 1997—1998 年的观测项目，那时候的骨干 Perovich、Ola 和 Tim 都参加了 MOSAiC 航次。Matthew 也参加了 SHEBA，那时候他还

图腾

是名学生，现在已经是教授和 MOSAiC 的共同首席了。SHEBA 的科学家，一方面，给 MOSAiC 带来了很多经验和科学思想；另一方面，他们也希望通过 MOSAiC 做一些在 SHEBA 年代想做而没有做成的事情。毕竟随着科技的发展，观测设备的不断进步，MOSAiC 的后勤支持也更加强大。这些都可能是 Perovich、Ola 和 Tim 三位老先生要亲自到北极现场来的原因。他们都是 70 岁上下的老人了，尽管长期的野外工作练就了一副好身板，但 70 岁的人毕竟不像小伙子那样经得起折腾。SHEBA 培养了一批科学家，因为 SHEBA，美国人在气 – 冰 – 海相互作用研究中长期处于领先地位，显然，德国人也希望利用 MOSAiC 锻炼一批年轻的科学家。Marcel、Benjamin 和 Allison 都是 40 岁上下的年轻科学家，他们都已经是海冰、海洋和生态组的协调人了，在 MOSAiC 中掌握着很好的设备和人力资源。我国极地考察办公室借助 MOSAiC 开展国际合作还是很有远见的。我们有了自己建造的新型破冰船，在北冰洋科学调查和研究中可以做更多的事情，只有参加国际合作和深入参加国际航次，才能真正掌握国际动态，让年轻人得到足够的锻炼。我们参加 MOSAiC 航次的队员中，90% 都是 40 岁以下的年轻人，事实也证明了过程中我们确实得到了很好的锻炼，包括学术思想和现场作业能力等。

稳定是很重要的，国家和家庭都一样。有时候折腾是天意，那叫天灾，有时候折腾是人为的，那叫人祸。不折腾，慢慢就能过得好。我们是 10 月 17 日到 Polarstern 的，经过一周的调整就进入了常规观测期，这样平稳地开展了三周的工作，大家都以为冰情就这样能稳定下来了，每天冰上都会多一些新的设备，每天观测数据和样品总有新的收获。尽管很冷很累，但大家感觉很有奔头，是幸福的。可被风暴这么一折腾，这几天，冰站每天都会有新的情况出现，不同组的队员每天都会有新的烦恼。现在的气象观测站只能用发电机维持，队员把能用的发电机都用上了，加满油也只能维持 12 ~ 15 个小时，所以队员每天需要去观测站两趟，以补充足够的油料维持连续的观测。早上 Matthew 带领气象组的队员很顺利就完成了设备维护和加油料的工作。但到了下午想再去的时候，就怎么也过不去了，海冰又增加了新的裂缝。Matthew 带领大家绕了半天又悻悻地回来了，提着两桶汽油。

SHEBA 尽管也发生过海冰破碎的事情，但都是春天以后发生的。北极海冰的减少变薄，在当前的冰情下做整年的冰站观测太难了。2015 年的 N-ICE 项目做了 5 个月的冰站换了三个浮冰做站，俄罗斯的漂流冰站持续时间也越来越短了，最近几年都无法开展了。MOSAiC 冰站所在的浮冰是在方圆 100 来千米挑选出来的，正所谓百里挑一，但还是经受不起风暴的折腾。应该说，风暴虽然很强，但无论从最大风速、中心气压还是持续时间来说，都还属于正常水平。从发生概率来说，每个月都可能会有 1 ~ 2 次。所以说，造成冰站现在的困境不是风暴本身，也不是我们没有努力找更合适的浮冰，而是，目前北极的海冰就这样脆弱。

Day 65

11 月 23 日

困顿

冰站漂流的第 50 天　北纬 85°44.62′, 东经 120°30.082′　–21℃

手受伤后，我就没有太多的具体工作了，实验室的事情，算不上什么体力劳动。每天，我都在想办法调整自己状态，毕竟没有阳光，活动空间又很小，不能出野外，那是一种困顿的状态。现在，手指一点点好了，我给自己下的决定是星期三尝试出去干点活，先从简单的事情做起，这其实需要勇气，主要是一出去就是零下 20 多摄氏度，这手，谁知道它又会发生什么状况呢。我也知道没有什么寒冰烈火掌，这手只会越用越差。今天我在这个问题上纠结了很长时间，一个人在寝室发呆。我需要改变这种困顿的状态。

MOSAiC 航次，牵扯到这么庞大的后勤支持，每个人每分钟都要花掉不少欧元，在这样的背景下，大家都希望多做点事情。我们出海已经整整两个月了，每天都是高强度的工作，有时候哪怕没有具体的野外工作，承受的压力也很大。上个星期天，本来说好全员休整，不工作。然而一场大风，把后勤组忙得比平时还累。人不是机器，在这样封闭的环境下，得不到休息就有可能影响正常的情绪，这跟困顿也差不多。所以，领队决定，这个星期天一半的后勤人员放假，下个星期天另外一半的后勤人员休息。

人，时间长了，不能只处于一种状态中，尤其是在封闭的环境中，需要调节。考察队也在想办法增加一些娱乐活动，这两天晚上 7 点安排了冰上酒吧和冰上足球赛。足球是国际联队，大部分世界级强队的“明星”队员都在这里，巴西的、德国的、西班牙的……海伦同志代表中国出赛居然踢得很高

困顿

光，这是大家没想到的。毕竟中国足球怎么论也算不上世界强队，而且海伦看起来还比较单薄。自发组织的乒乓球赛每天最后的冠军都被称为“Chinese of Day”。酒吧是个相对轻松的环境，你可以在这里讨论学术，也可以在这里胡侃。工作以外的娱乐，很多时候起到润滑剂的作用，在娱乐中，大家缓冲了神经，增进了友谊。

考察队现在也处于困顿的状态，遥感和 ROV 观测站都停摆了，气象观测站由于发电机供电不足，有一半设备没法工作。今天海冰看似还比较稳定，要是都是今天这种状况，海冰应该一周之内就会冻得很好，但明天的天气预报又是 6 ~ 7 级的大风。考察队经过衡量，觉得还是先把电缆准备起来，明天趁着星期天，一天把准备工作都做好，后天天气好些再真正干活，把冰站重新建起来。这似乎有点冒进。冒进，我们就存在丢设备的风险；不冒进，我们就会错过时间，不能获得时间序列的观测数据。各个组的组长讨论了一个上午，结论是星期一风小了，就重建冰站的电网。电网要是再次坏了，可以再修。我们来这本来就是一次探索之旅，过程中经历的风险都是之前想象过的场景。

不同专业的考察队员针对当前的冰情，对工作做出了最大可能的调整。停摆的遥感组今天想了一个新招，用遥感设备测量水道新冰的形成过程。新冰里面包含有很多卤水，盐分很高，表面还会形成冰花，这些因素都会影响海冰的微波信号。卫星遥感需要地面的观测数据才能定标，形成反演海冰厚度的算法。Gunnar 用的是 L 波段的辐射计和 Ku/Ka 波段的雷达，再配上红外摄像机来监测水道新冰的发展。由于没有电网，只能用发电机了，这样每天只能观测几个小时，但要是能坚持十来天，就能捕捉到新冰增厚的过程。

Day 66

11 月 24 日

母船

冰站漂流的第 51 天 北纬 85°53.92′, 东经 121°20.47′ −18.6℃

Polarstern，MOSAiC 的母船。Polarstern 是我们 MOSAiC 冰站最大的依托，冰站风太大了，我们想到的是回船；熊来了，我们第一时间想到的也是回船；冷了饿了，我们想到的还是回船。在茫茫北冰洋，冬季在这里作业的只有这么一艘船，她是我们的港湾。每个星期五下午 3 点半，船上都要根据 Polar Code 的相关规定组织船员进行安全演习。用船长的话说，演习就是要保证及时发现危险源，有效控制危险的发展，就是要保障船舶和队员的安全。演习的优先权在科考作业之上，也就是说要是作业面影响到安全演习，作业只能停止。

Polarstern 属于德国教育与研究部所有，由 AWI 研究所负责船舶运转，也是最大的使用单位，但托管单位是 Reederei F. Laeisz GmbH 船舶管理公司，船员都是船公司的。使用单位和托管单位分离，能很好地提高管理水平，船公司有着丰富的船舶管理经验和人才储备，这样 AWI 只要做好经费预算、航次规划和科学研究就可以了，没有必要操心船舶的事情。这是值得我们学习的，在国内，大部分科考船都是同一家单位负责使用、维护和管理，大部分是科研单位。这样的话，这些科研单位需要分出很多精力学习船舶管理知识，船员的编制也成了很大的问题。不过，话又说回来，凡事有利也有弊。像 Polarstern 这样的船，船员是船公司的，跟研究所一点关系都没有，在现场如果因为作业的需要，要求调整工作，只要不在船员的责任范围内，则是很难协调的。就 MOSAiC 而言，船员没有冰上工作的保险，也没有这样的责任，所以他们与冰站的界限就是舷梯。舷梯以外的事情他们是不管的，哪怕冰站再缺人，船员再有经验，他们都不太可能上冰作业。这么来看，我们极地考察运行模式，在领队领导下，科考队员和船员统筹管理也有很大优势，特别是现场遇到突发事件时，我们可以集中船上的优势力量处理，显得很高效。

船舶是我们最大的科考平台，但在诸多方面影响着我们获得优质的科考数据。第一和第二航段，MOSAiC 冰站都是在极夜工作，而且大部分时间都是没有折射光的极夜。为了方便工作，科考队员只能带强光的头灯，在重点区域，船舶可以使用探照灯。这些灯光可能会影响海冰里面和冰底的生物过程，尽管这些人造光源的影响程度现在还不清楚，但为了保证样品的原位性，不受光源影响，我们在离船大概 1.5 千米区域定义了一个黑暗区（Dark Site），用于冰芯采集。在黑暗区作业，头灯只能戴红光的。船舶靠泊在这里，虽然螺旋桨停了，但为了满足大家的日常生活，发电机是不能停的。发电就会排烟，产生黑碳，这对于做气溶胶研究的队员来说，是一个灾难，他们需要很仔细地分析样品和数据，确定哪些样品和数据采集时受到了污染，这样的样品和数据都需要剔除。负责冰面二氧化碳和甲烷等温室气体通量观测的 Steve 也开始喜欢上了黑暗区，因为那里离船远，人的活动，船舶和雪地摩托排放的黑碳对那里的冰雪污染也比较小。他连续两周去黑暗区进行观测了。北师大的王磊很高兴接替我采冰芯的工作，因为这样他也可以到黑暗区采集雪样了。任健的沉积物捕获器和我的两个物质平衡浮标也布放在黑暗区。船舶的废水排放也是一个大问题，为了减少对作业区的影响，Polarstern 实施了定时的废水排放，另外，排放时还对废水加盐，用管子伸到冰底 100 多米。这样，废水就能够沉到一定深度，远离冰底和船底。还好，船和冰是不断漂移的，污染源很快就会远离冰站。Dorothea 和 Josefa 只关心 150 米以浅的水样，所以她们更喜欢到远离船舶 300 来米的海洋观测站（Ocean City）采样。因此，这两天，海洋观测站的重建是大家最关心的事情。

Polarstern 对观测的影响，还不只是污染，还有船体的几何影响。船大概有 50 来米高，吃水大约 10 米，船长 117 米，船宽 25 米。这样的庞然大物对

■ 气象塔

气象和海洋观测的影响都很大。船上做的气象观测下垫面跟冰面不是一回事，因此气象观测站（Met City）和探空气球观测站（Balloon Town）都要远离船舶大概 500 米，这样就能避免船体的影响。冰底的热交换和热扩散都很重要，是影响海冰生长的主要能量，另外，海冰生长会伴随有盐分流失，改变上层海洋的层化。当水道打开的时候，水道起到了通风作用，很多热量会释放到大气中。因此，冰底海洋的湍流观测是非常重要的观测项目，而船体则会导致冰底流场发生变化，湍流观测是没法在船边进行的，只能到远离船体的海洋观测站。Polarstern 锚泊在主冰站上，也可能对海冰的运动产生影响。我们为此特地对比了一下主冰站漂移轨迹与其他冰站漂移轨迹，还好，影响是很有限的，几乎可以忽略不计，从动力学来说只会影响到船边 30 ~ 50 米范围内的冰面裂缝分布。

Polarstern 对现场观测有诸多影响，但也是 MOSAiC 冰站的主要组成部分之一。船头布放了 6 个集装箱都是用来做观测的，像大功率的激光雷达，在冰上根本就没法开展。另外，风暴来了，晚上非工作时间，我们都不可能上冰作业，船上的观测就可以作为补充，比如不能上冰的时间里，探空气球只能在船上释放了。海洋观测站的 CTD 是利用小绞车释放的，只能下放到 1 000 米，全水深的 CTD 剖面只能利用船上的 CTD 完成。不像大洋作业，船边上不可能有现成的水域做 CTD 剖面，因此只能钻一个冰洞用以下放 CTD。CTD 从船到冰洞转移过程中，传感器怕被冻住，还需要加热的辅助装置。气象观测站 30 米气象塔前几天因为海冰裂缝倒了，好在船头还有一个 30 米的塔，是利用船头吊车固定的，安装和维护都比冰上方便。与冰站的同步对比观测表明，船头气象塔的观测数据通过适当的修正也是可以用的。船舶锚泊在冰上，也为冰 – 船相互作用提供了理想的原位观测情景，不同风和冰应力下，船舶会承受多大的作用力，是破冰船设计师们最为关心的参数。船基雷达为海冰动力学研究提供了最直观的观测数据，船舶顶部甲板也为卫星遥感对比观测设备提供了很好的平台。在遥感观测站（Remote Sensing Site）停摆的这几天，船上的观测能有效地弥补这一缺陷。我和北大合作，也在顶部甲板安装了 GNSS-R 的天线，用于观测冰面积雪对导航卫星信号的影响，从而利用后者的观测数据反演积雪厚度。可喜的是，在北纬 86°，我们的北斗卫星和 GPS 一样有着很好的观测效果。

Polarstern 完备的实验室还能给各个专业提供良好的室内平台，用于样品分析、数据处理、设备准备和维护等等。Polarstern 就是我们的母船，在茫茫的北冰洋里，它是我们唯一的依靠。我们也在努力减小船舶对各种观测的影响。

Day 67

11 月 25 日

海洋观测站重建

冰站漂流的第 52 天　北纬 86°3.16′, 东经 120°30.37′　−23.5℃

风暴的影响，到今天可以盖棺定论了。11 月 15—20 日的风暴，其实天气预报员已经预报得很准了，风力的变化几乎精确到每小时。船上大部分科学家，包括海冰的、大气的和海洋的，也包括后勤组的北极探险家，都知道风暴肯定会对冰站造成影响。然而影响到什么程度，会对冰站的哪部分造成破坏，没有人能说清楚。这两天，海冰动力学的专家 Jari、北极大气边界层的大家 Ola 以及海冰遥感的领军人物 Gunnar 利用船基雷达、冰上和船上气象塔的观测数据、探空气球的观测数据，以及大气再分析数据和海冰卫星遥感数据，对风暴过程及其对冰站的影响，做了一次分析。气旋来自格陵兰南部，于 11 月 14 日形成，16 日到达北极点区域，17 日对 MOSAiC 冰站影响最大，风力最强，海冰发生剪切破坏，形成裂缝，但形变不是最大的。18 日风

海洋观测站

速减弱，第二个气旋在格陵兰再次形成，强度比第一个低。20日影响到了冰站。第一个气旋过境使得风速增加到23米/秒，第二个气旋过境时风速最大也就是12米/秒。第一个气旋过境，对冰站的最大影响是产生裂缝，使得冰站整体力学强度降低，第二个气旋过境时，风向发生了比较大的变化，使得强度变弱的冰站发生了较大的形变。对观测区的破坏，第二个气旋过境时更加明显。经两个气旋一折腾，冰站只剩下探空气球观测站是完好如初的，其他观测站都需要重新布设。

经过努力，海洋观测站终于重建完成了。重建工作主要包括这些步骤：选点，选择尽可能避开裂缝和冰厚较大的冰脊区；钻孔，利用冰钻和冰锯钻出一个1米见方的冰洞；清理冰面，把冰洞周边5米见方区域的冰面积雪和小冰块清理干净；调整帐篷位置，帐篷的地板有一个孔，这个孔必须与冰洞完全吻合，这样才能顺利地释放CTD；帐篷调整好，就是固定。由于帐篷底部有浮筒，要是重新搭建帐篷，浮筒放置的地方也应该挖出适当的冰洞。然而，现在帐篷连同底下的浮筒是从原来的作业点一起拉过来的，这样浮筒就使得帐篷地板比冰面高出20来厘米了。Mario为此还特地在帐篷门口做了个冰台阶。最后帐篷就可以通电和重新安装CTD了。海洋观测站平时客人最多，因为生态组和地球化学循环组都需要到这里采水，做微塑料采样的队员也需要到这里采样。Bjela前两天尝试在原来的海洋作业点，利用废弃的冰洞来过滤海水，采集微塑料。可是很快，她就发现是徒劳的，尽管泵可以接发电机供电，但因为没有帐篷，没有加热措施，泵很快就冻住了。所以海洋观测站完成重建工作，可谓是万众瞩目。整个重建工作是Mario组织完成的，但参加的人里居然有4位华人：海洋组组长小方来自台湾，现在在AWI工作；父母从香港移民到美国的Allison；还有内地来的木盛和任健。Allison是一点也不懂中文，不过，后来我们搞清楚了，她也姓方，只是按粤语的翻译，把她的姓写成“Fong”了。这下好了，台湾的小方多了个姐姐。

遥感组需要转移他们的小型电站，Argo过不去，只能用雪地摩托，一个雪地摩托拉不动。然而，探险家就是探险家。Hans想了一个招，就是用两个摩托车并排着拉。开车的自然也是两位探险家，Hans和Gaute。

Day 68　11 月 26 日

我们都是小北极

冰站漂流的第 53 天　北纬 86°7.70′, 东经 119°5.76′　-26.5℃

在国内的考察队员里，去南极次数多的人，叫老南极。有些老同志，去过南极十多次了，国家海洋环境预报中心有位气象预报员曾经去南极的两个站越冬 5 次。同样，去北极次数多的人就叫老北极。在现场，考察队领队都会交代我们，老极地人要多照顾、多提醒新队员。我们国家开展北极考察的次数不多，早期主要受制于没有破冰船和资金短缺。从 1999 年起，我们利用“雪龙”号破冰船开展了 9 次北冰洋考察，一般是 7 月初出发，9 月底回来。

防熊 / Oguz Demir 摄

因此，依托“雪龙”船前往北极考察的队员，去的次数就要远远少于去南极的次数。中国气象科学研究院有位同志参加了第一次至第六次北极考察，一次不落，是我们国家利用雪龙船参加北极考察次数最多的队员。我第一次去北极是 2008 年，那时候我在攻读博士学位。2007 年年初从南极越冬回来，在实验室呆了一年半，算是有了一些知识储备，对海冰的了解也多了。不像南极考察那么复杂，我国的北冰洋考察就是海洋学调查，气候变暖和北极海冰快速减少背景下大气 – 海冰 – 海洋的相互作用是每次北冰洋考察的重点方向。一般每个航次大概会有 15 天的时间专门做冰站的工作，包括一个维持 10 来天的长期冰站和若干个仅开展几个小时临时作业的短期冰站。因此，对于做海冰物理学研究的我来说，北极考察比南极考察的吸引力要大得多，能做的事情也多得多。从 2008 年开始，至 2018 年，这 10 年里，我去了 6 次北冰洋考察，都是双数年参加的，错过了期间所有的奥运会和世界杯。6 次考察，也追平了中国气象科学研究院那位老前辈的纪录，还在两次考察中担任了首席科学家助理，是冰站作业的总协调。按理说应该就是传说中的老北极了，所以，在 MOSAiC 中，极地考察办公室也指定我作为中方的协调人，只是因为经验比别人多一点罢了。

来了这么多次北极，曾经下到上百块浮冰上开展冰站作业，我应该是很了解北极，了解北极的海冰了吧。其实不然，对于北极，我还是有诸多的不了解。我们以往都是夏季来北极，对冬季北冰洋的了解更多的是来自文献。我们是

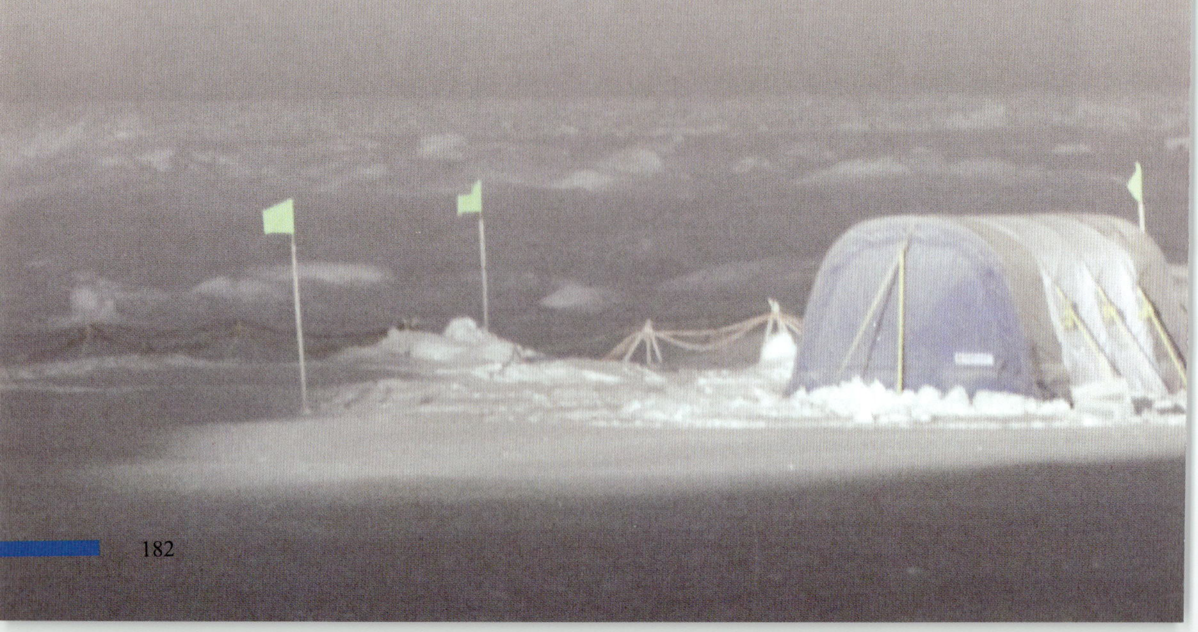

北半球国家，冬季的天气气候会受到北极气候变化的影响，但我们国家冰雪运动的流行程度远远低于北极国家，像俄罗斯人和芬兰人，从小都是看着冰雪长大的。俄罗斯在北冰洋的漂流冰站计划已经开展了大半个世纪，他们的核动力破冰船在冬季可以到达北冰洋的任何区域。芬兰每年都会举行从北部到南部的滑雪马拉松。据说，来自芬兰的 Ilkka 开始学滑雪的时间跟学走路的时间差不了两年。参加 MOSAiC 的美国同事很多人曾经参加过 SHEBA 航次；AWI 研究所的同事和 Polarstern 一起，都曾经在 10 月来到过北冰洋中心区域，而且很多队员也参加过 N-ICE 和 Tara 这样的冬季北极漂流航次。因此，他们对北冰洋的冬季自然也不陌生。我的手冻伤了，一方面是以前受过伤，另一方面也是对北极冬季恶劣环境没有足够了解的结果。

来北极之前，有队友做了一个很有意思的横幅，上面印有一幅北极从 19 世纪到现在的气候变化记录图。2015—2018 年这几年是近 200 年来北极最热的 4 年，气候记录图下面有这么一行字“We deliver the facts. It is time to act！”。这其实就是 MOSAiC 的宗旨，我们来这就是要观测事实、记录事实和传播事实。尽管各个学科的大家们无论是对北极的知识储备还是在北极的作业经验都在我之上，相对他们，我只是小北极，但对于快速变化的北极气候和海冰来说，无论谁都也只是小北极。来的次数再多，我们对北极的了解还只能算是皮毛，毕竟对于偌大的北冰洋，我们的观测，我们的记录实在是太稀缺了。“Before the action, we need more knowledges on the Arctic climate change”。

Day 69

11 月 27 日

轮换

冰站漂流的第 54 天　北纬 86°9.57′, 东经 117°54.50′　−29.7℃

MOSAiC 航次从 2019 年 9 月 20 日离开挪威的特隆姆瑟港，一直到 2020 年 10 月 14 日才能回到德国的不来梅港，历时 390 天，这打破了 Polarstern 离港最长时间纪录，在世界科考船中也可能是首屈一指。过程中，整个航次分成了 6 个航段，靠 4 艘船和一架固定翼飞机来交换队员和运输物资。第一航段时间最长，从 9 月 20 日一直持续到翌年的 1 月初才能回到特隆姆瑟港，主要原因是在开展周期规则观测前需要建设分布阵列观测体系和主冰站的后勤装备。其中，分布阵列是利用我们之前乘坐的“Fedorov”船完成的。今天运输补给物资的“Dranitsyn”号破冰船就要离开特隆姆瑟港，载着 90 来名轮换队员和船员，60 来吨的物资以及 700 多吨的燃油。顺利的话，10 天左右就会到达 MOSAiC 冰站。我们第一航段的人员都很激动，毕竟离开陆地离开家那么长时间，大家都盼着回去；另一方面也开始忙碌起来。忙碌的事情包括冰上的也包括船上的。遥感作业点的设备希望赶在第二航段的人员到来之前重新架设起来；后勤组也希望尽快把防熊预警网重新布设好，总不能给第二航段的人留下个不成形的冰站吧。这几天的工作主要是物资的归类和清点。每个集装箱的物资与存储单要对应起来，这样，第二航段的人上来就可以根据存储单精准地找到物资。大家在讨论着具体哪天回到特隆姆瑟港，酒店怎么订，机票怎么订。毕竟 Dranitsyn 几乎一半路程是在冰区航行的，单程开阔水和冰区的路程各有 600 ~ 700 海里。尽管 Dranitsyn 是艘重型破冰船，但在冰区航行的速度还是

双船会

主要取决于冰况，所以航时存在很大的不确定性。Anders 对回特隆姆瑟的时间快慢这个问题显得很淡定，他住在瑞典北部的一个城市。他说下船后，坐大巴就可以回去了。这几天，很多事情都宣布了截止时间，规则作业期会持续到 Dranitsyn 到达的前一天；纪念品销售今天截止；邮票和 ATM 机取钱是 12 月 3 日截止。有人欢喜就有人忧，或者说不敢欢喜。因为有些队员和船员是需要连续干两到三个航段的。海冰组的俄罗斯人 Egor 就要干两个航段。我们都希望他能熟悉海冰组的所有工作，这样第二航段的队员上来就可以做到无缝衔接。船长更狠，他是要连续干三个航段的。轮换只会给他们带来新的队友和蔬菜，不会给他们带来阳光，所以他们更需要心静如水。

我们到 Polarstern，不知不觉已经过了一个半月，冰站的设备越来越多，然而破坏性的海冰破碎发生了两次。不知道为什么，ROV 的作业点要起名为“ROV Oasis”（水下机器人绿洲）。两次作业点建好后都漂走了，好在后面一次没有漂多远，作业点还能用，只是已经断电一周了。因为 ROV 搭载的传感器怕被冻坏，只能将其泡在冰洞里面，冰底的水温稳定在零下 1.7℃，这是海水的冰点温度，生长季，只会随着盐度有很小的变化。昨天利用发电机，他们完成了一周以来的第一次观测。利用 ROV 开展冰底形态的观测很重要，前面一周风暴过程，使得海冰破碎，现在又挤压在一起，所以形成了很多冰脊，海冰厚度分布发生了本质的变化，所以风暴前后的对比观测是十分重要的。冰面的电磁感应观测，只能得到断面的海冰和积雪厚度，不能得到底面的粗糙度，更不能得到三维形态。最重要的是电磁感应观测是需要人拖拉着设备观测的，有些地方是刚冻结的新冰或者过于复杂的冰脊，人是过不去的。所以水下机器人在冰底的多波束观测是冰面观测的有效补充，结合冰面的激光雷达扫描，则可以同时得到冰面和冰底的三维形态，这对于开展海冰动力学研究是很重要的。Ian R 是负责冰面激光雷达扫描的，他这几天也很发愁，因为他原来建的扫描标志点很多都丢失或者错位了。他也需要赶在第二航段开始之前重新修复他的定标体系。

Day 70

11 月 28 日

想骂人的低温

冰站漂流的第 55 天　北纬 86°10.04′, 东经 117°8.65′　–31.2℃

连续两天低温天气，最低气温都达到了零下 30℃以下。星期天开组会的时候，组长问我什么时候能下冰，我已经请了三个星期的假了，手也逐渐见好，再请假也不好意思了，而且上个星期的风暴把冰站搞得一塌糊涂，现在很多作业点都需要重建，所以最近大家都很忙。于是我就说星期三以后能出去吧，这样又拖了两天。

今天是我伤好转后出去工作的第一天，但遇到了这个航次的最低温，零下 34℃，原来定好的事，也不好说再请假。只好自己想办法了。找出了最厚的手套，那应该是远距离开雪地摩托用的，干活肯定是碍事的，没办法了，戴上再说，出去也只能是做一些不用摘手套的活。手套里面放了 2 包暖宝宝，出去以后就紧紧抓着暖宝宝，让热量尽量不散失。暖宝宝其实就是铁氧化过程产生的热量，抓着它手掌是会出汗的。时间一长，暖宝宝的保护套都湿了，铁粉都弄手上了。不管了，只要能让手指保持温度，其他的也不重要。还好，大家还比较照顾我，头两天都是只干半天的活，下午 3 ~ 4 个小时，中间找机会到帐篷里暖和了一下，这样手指始终都保持在比较温暖的状态。暖宝宝也是怕冷的，它需要在比较暖和的环境下开始氧化，要是你出去干活，直到体温下降了才开始使用，可能就一点作用都没有了。所以最好是上冰前就戴上，中间要换也是在帐篷里换。零下 30℃，是什么概念，就是按照规范，船上的吊车都不能工作了，否则有可能被冻住。今天早上气温比昨天还冷，最低达到了零下 31.2℃，这还是船载气象站观测的结果，一般地，冰面气温要比船载气象站的观测结果低 3 ~ 4℃，所以今天冰面气象站观测到的最低气温是零下 34.5℃。因为吊车不能工作，船上的 CTD 是等到下午气温上来一点才开始释放的。头灯出去半天肯定就没电了，要是你早上出去工作，回来第一件事就是把头灯和对讲机充上电；把帽子、手套、头套和袜子放在暖气片上烤干，上面的水汽主要是汗，要是不处理，下午再出去，湿乎乎的，肯定会冻伤。这几天，暖宝宝流行了起来，一方面是我前一阵冻伤了，给大家提了个醒；另一方面气温的下降也让大家不敢掉以轻心。全副装备，尽量把手指保持在比较好的状态，但风刮到脸上，尽管有头套，也直往没挡严实的部位钻。鼻子和耳朵最难受，因为最难包严实，呼吸的时候，呼出来的是热气，吸进来的是冷气，感觉极其不划算，真想骂人。晚上回来，一个个都像是化了妆一样。

今天 Markus 很兴奋，因为是他的生日。下午他带着枪，滑着雪到各个作业点看了一遍，一方面需要了解各项观测的细节和进展程度，另一方面他也需要了解冰站每个作业点的冰况如何，裂缝和冰脊的走向等。晚上，为了庆祝他的生日，在船边上举办了一个冰上酒会，考察队免费供应一种叫“Glühwein”的酒，这有点像中国的黄酒，也像姜汤，是德国圣诞节喝的酒，一般需要存储在暖瓶里保持温度，冬天喝下去，一阵暖暖的感觉。零下 30℃的天气就是不一样，酒倒出来，不多一会儿，就完全冷却了。

大家的努力也没有白费，电缆重新布设有了眉目，气象观测站通了上电，有了电，帐篷才亮了起来，有了电，才叫城市，“Power back at the Met City”，Matthew 很是高兴。

■ 寒夜

Day 71

11 月 29 日

村长的错误

冰站漂流的第 56 天　北纬 86°6.52′, 东经 114°12.71′　-27.2℃

我出生在粤北山区的乡村里，20 世纪 80 年代，那个时候我们都是在家里出生的，去城里医院生孩子的少之又少。在我们那儿，有专门帮助产妇生产的妇女，我们管她叫“接生婆”。这样的环境下出生的小孩自然是没有出生证的，上户口也没有人立马去办，有的人拖上一两年才想起来去办，甚至还有粗心的父母等小孩要上小学了，才会去上户口。上户口，第一件事是村长问你们家小孩叫什么“学名”。所谓学名就是上学要用的名字，主要是要区别于小孩在家里叫的小名。然后就是问出生日期，我们那时候过生日都是过阴历，上户口，一不小心就会报成阴历的生日。我也不知道我的户口是怎么上的，反正我身份证号码上的生日既不是阳历也不是阴历。据说是村长当时搞糊涂了。还好，差得也不多，都还在刚入冬的季节。从此，我就有了一个官方的生日，11 月 29 日，数字也还不赖。

据说，世界各国的极地考察队都一样，特别重视考察队员的生日。漂洋过海地离开家来到北极或者南极考察，想家是难免的，而且在极地，无论是在船上还是站上，通信能力都是很有限。记得，2006 年，我们在中山站越冬，通信用得最多是短波岸台，就是通过短波喊话到像上海、广州、青岛这样的港口城市短波服务站，然后让他们给你家里挂个电话，按上免提。这样，短波和国内长途就能对接上，你就能跟家里通电话了。当然，你通话时，收听服务站广播的人都能听得到。再往前几年，很多人去越冬前都得花不少钱先

■ 静默

给家里装上能打长途的电话，那时候叫程控电话。短波服务站主要是方便海上的船员使用，除了通信，以往服务站一般还提供天气和海况等有用的信息。随着通信技术的更新换代，短波服务站已经逐渐退出了历史舞台，去年在飞机上看了一份报纸，忘记是哪家的了，里面有个关于短波服务站的报道，说国内最后一家在青岛的服务站已经关闭了。这让人想起来小时候的BP机，那时候BP机的接话员是一个光鲜的工作，上班不但不用风吹雨淋，工资还不低。那时候，腰上别个BP机是一种时髦，要是有中文显示的，算是高档机；谁也想不到BP机会成为古董，接话员会失业。

在考察队里，有人记挂你的生日，当然是一件很荣幸的事情。我们国家，今年的南极考察已经是第36次队了，我参加的那次是第22次南极考察。极地文化已经逐渐培育出来了。要是你在“雪龙”船上过生日，你会得到一碗加料的长寿面，里面会有2个荷包蛋，根据你的喜好，还可能会有肉丝或别的什么料，这跟小时候过生日的待遇也差不多。你还会得到领队、首席和船长签名的生日卡。我是入冬后过生日，自然只会在南极考察时才会在船上或站上过生日。11月29日，因为只是官方的生日，我潜意识里是没有这个日子的，

在家都是过阴历生日。那天，我参加了物理海洋组的 XBT 投放值班，吃饭都耽误了，等回到餐厅，领队跟我说，找我半天了，怎么过生日也不调个班回来吃长寿面，好像我工作多积极似的。生日？谁的生日，我怎么也想不起来。后来想了半天，才想起那天是我身份证上的生日。

今年，我是第一次在北极过官方生日，Polarstern 上也很重视队员过生日，局域网上的日历备忘录里一般会把接下来 1 ~ 2 周过生日的队员名单都列出来。过生日那天，领队会在全体例会上祝贺一下，并且送上一个带有 MOSAiC 标志的杯子。由于生日早就在备忘录里显示了，我对于今天的祝贺就不像去南极时那样的懵懂了。当然，今天从吃早饭起，就不断有人祝贺我的官方生日。

国内来的几个队友，晚上小聚了一下，在船上的商店买了瓶洋酒，就着也是从商店里买的花生米和薯片，以及从国内带来的榨菜和牛肉干，天南海北地庆祝了一番，好像大家并不在乎生日是否是真实的，或是谁的生日，只在乎找个理由喝点小酒开个小 Party。据说，我们买的薯片是商店最后的两包，榨菜本来是用来煮方便面的，好像配洋酒也不错，这就是传说中的下酒菜吧。

Day 72

11 月 30 日

搭桥过河

冰站漂流的第 57 天 北纬 86°2.42′，东经 112°51.06′ –28.2℃

今天早上被组长安排组织 4 名队员用三脚架把通往 ROV 观测站的电缆架起来。电缆要是一直搁在冰雪面上，就很容易跟冰雪冻在一起，时间长了想要拔起来都难。因为电缆是橘色的，要是到了夏天，会比冰雪更能吸收热量，搁在冰上就会越陷越深。所以在冰上架设的电缆，无论是啥样的，都得架设在木桩或三脚架上。

今天出去，是俄罗斯队友 Egor 开的雪地摩托。俄罗斯人开车就是猛，昨天跟他出去工作已经领略过了，过冰脊有时候都不带缓冲的，所以上了雪橇，我就死死抓住雪橇板。突然，咯噔一下，雪地摩托停下来了，Egor 也下来了，指着雪橇后面，一道 50 厘米的裂缝横在那里。裂缝是新开的，还没有重新冻结，水道里黑乎乎的，没有阳光，深不见底的海水自然是黑色的。零下 1.7℃的海水遇到零下 28℃的空气，热量迅速地消散着，水面直冒热气，这就是水道的热力学效应吧。还好，雪地摩托和雪橇都没事，当然人也没事，下次再也不敢坐 Egor 的车了。跟在后面的 Marcel 一脸的疑惑，说你们是怎样过去的。

好吧，雪地摩托过来了也就回不去了，人和设备要过裂缝只能够搭桥。Marcel 把他带的雪橇给翻了过来，两米长的雪橇刚好可以当桥用，他们去 ROV 作业的小分队也通过这样的雪橇桥过了裂缝来到了我们这边。刚开始我们也没有想那么多，只是雪地摩托回不去了，人还是可以来回走动的，既然过来了，就好好干活吧。支撑三脚架的工作才干了不到 1 个小时，就被

冰缝上的独木桥

Marcel叫了回去。因为冰缝变大了，我们必须撤离，不然不但雪地摩托回不去，而且连人都可能难以回去了。早上10点，冰缝这一边的所有工作都被叫停了，而且领队也没有批准后面的作业。

所幸的是，中午经过Markus和Marcel确认后，裂缝还比较稳定，没有进一步扩张的意思，下午可以继续作业，但是雪地摩托是过不去了，只能步行或者滑雪。好在，Egor在另外一边留了一辆雪地摩托，无心插柳。下午，我和Ian R，还有Jari去给测量浮冰相对位移的激光测距仪更换电池以及布放GNSS浮标。激光测距仪的电池是100Ah的，需要两块；GNSS浮标要布放两个，每个浮标要3块电池，电池都是60Ah的。一共需要8块电池，都是铅酸的，重量可想而知，还多亏Egor在裂缝的另外一边留了一辆摩托车和一个雪橇。我们先用船这边的雪地摩托和雪橇把电池运输到裂缝边缘，然后卸下来，把雪橇拉到裂缝上，反过来，当作桥，尽管裂缝只有2米宽，但把8块大电瓶运过独木桥，也不是件容易的事情。把电池运过去了，人还没有开始工作已经是浑身酸楚了。

给激光测距仪更换电池还比较简单，很快处理完了，布放 GNSS 浮标时发现在船上并没有校准到位。浮标是一位在英国工作的韩国人 Phil Hwang 的，他要第五航段才来。Jari 是现学现卖，看着操作说明做的校准。现场校准可不是件容易的事情，主要是冷，几个人轮换着操作，每人干个 20 分钟就冷得不行了。可能是哪一步没有搞清楚。一直到下午 4 点，校准工作也还没有完成。Ian R 就让我先回船了。因为我的手指尽管放了暖宝宝，但也还不足以在外面待整整一个下午。现在我在野外工作的时间都控制在 3 个小时以内，然后要么回船要么到营地暖和一下。遥感、海洋、气象、ROV 和探空气球观测站的营地都是有加热系统的，营地里面主要是采集数据的电脑终端，在特别低的温度下是不能工作的，需要保持在 0℃左右。当然更高的温度，供电系统也供不上，而且很容易导致营地下的冰雪融化。现在遥感观测站的营地已经再次通上电了，我们布放 GNSS 浮标的作业点刚好离营地不远，我中间已经进去取暖 10 多分钟了，稍微缓冲一下，也会起到很好的效果。因为校准也不是件着急的事，人多也帮不上多大忙，我就先回船了。一切都为保险起见，我知道我的手指是再也经不起折腾了。也奇怪，据说我走了不到半个小时，Ian R 和 Jari 就把浮标校准好了，看来浮标不怎么喜欢我，早知道这样，我就早点回去了。

Day 73

12 月 1 日

圣诞季

冰站漂流的第 58 天 北纬 85°57.16′, 东经 113°11.55′ −21.4℃

地球化学循环组的组长 Katarina 问王磊，中国人过圣诞节吗？“过的，城里人过，乡下人不过。”“过多长时间？”“商店卖东西的过一个星期；年轻人谈朋友的过两天，从平安夜到圣诞；家里有小孩的过一个晚上，平安夜出去吃点好的。”

德国人过多长时间，一个月吧。从 12 月 1 日就开始把家装扮起来，好吃的供上，一直持续到元旦假期后。今天早上，餐厅服务员就忙碌起来了，把餐厅装扮了一下，有了圣诞的气氛，吧台上放满了各类坚果、巧克力和饼干。当然，再多东西也经不起人多，而船上的物资也不像岸上那么丰富。一天下来，吧台上就只剩下坚果，没有巧克力了。据说后面也很难再补充。为什么这么早供上来呢？用中国话说是“不过了吗？”一方面西方人的圣诞就是咱们

■ 圣诞季

的过年，要庆祝很长时间，我们过年不也是挨家挨户地吃吗；另一方面，餐厅的主管确实打错算盘了，真想不过了。本来说好了俄罗斯“Dranitsyn”船11月27日离开特隆姆瑟港前往MOSAiC冰站的，结果离开是离开了，然而离开后一直都在特隆姆瑟港的锚地待着。

从11月28日起就有一股极强的气旋在巴伦支海生成，至30日中心气压下降到了970多百帕，一直到今天也没有见明显减弱。等，只能等了。要是11月27日Dranitsyn能顺利出发，按理说到MOSAiC冰站最多也就是10天的航程，最快则有可能一周就能到达，这样的话，我们12月7日前后就能看到Dranitsyn，开始迎接轮换的队员和补给的物资。补给的物资上来前，我们是需要把存货消耗一下的，这大概也是餐厅主管的想法吧。据说Dranitsyn要到12月3日凌晨才能出发。现在大家开始担心两件事了：两个船之间的物资运输时间会不会很紧张；回家的机票需不需要改签。船上这两天还忙着两件事：一是木匠在做两个比较大型的木制雪橇，雪橇上部跟皮卡的装货斗差不多，底部是带弧度的雪橇；二是重新物色直升机降落点，风暴已经把原来的直升机降落点破坏了，海冰一塌糊涂。当然，Dranitsyn的晚点，也有人高兴。遥感组的Gunnar和负责ROV的Marcel需要在Dranitsyn到来前重新构建作业点，遥感设备要重新布放，ROV要通电调试。Dranitsyn的晚点给他们留出了足够的时间。

圣诞季，而且是星期天，考察队自然也会照顾大家的情绪，下午3点半安排了冰上远足和冰上酒会，德国人叫“Kohltour”。所谓的酒会也就是大家尝一口意思一下。参加活动的有30多人，主要是一些不上冰的船员和工作在船上实验室的考察队员，找个机会让大家在冰上活动活动，换个心情。我这段时间需要争取一切机会留在船上，把受伤的手指养养，而且带来的暖宝宝不多了，只得很不情愿地放弃了参加这次活动。酒还是温酒“Glühwein”，喝酒的器皿是现做的冰杯子。参加活动的人员沿着行车路线参观了所有的观测站，在营地小喝了一口酒，拍拍照什么的，这跟国内旅游团一天逛好几个景点差不多。照片，自然拍出来都是一个样子的，一样的考察服，蒙得严严实实的脑袋，只露双小眼，太冷了。“Kohltour”是德国西北部的一个习俗，也就是在冬季约上亲人朋友一起去远足，吃点土司，喝点温酒。

Day 74

12 月 2 日

北方的夜，南方的夜

冰站漂流的第 59 天 北纬 85°55.63′, 东经 113°58.74′ –25.9℃

来 MOSAiC 前，有一位朋友跟我说，你这一去 MOSAiC，就成了我们国家开展南北极越冬海冰观测的第一人了。其实加的定语多了，很多人都可以成为第一人，所以我也不以为然。南极越冬就是一整年，去 MOSAiC 是一个航段，三个半月。从艰难程度来说，对 MOSAiC 也没有太多的顾虑，时间短，又是国际一流的后勤保障团队，而在南极越冬海冰观测只有一个人，MOSAiC 海冰组可是个大组，有 12 个人，可以互相照顾。

但来 MOSAiC 之前，有两点是没有心理准备的。中山站越冬极夜时间 2 个月，我们的夏至就是南半球的冬至，我们管这天叫仲冬节，那是夜最深最黑的时候。然而，中山站的纬度只有 69°，跟我们的出发港特隆姆瑟是一样的。第一航段，MOSAiC 冰站在北纬 85° ~ 86°，这里的极夜从 10 月上旬开始，接近 5 个月。仲冬节的中山站，中午也不是伸手不见五指，还有折射光，中午 10 点到下午 2 点都是可以出去干活而不用带照明工具的，这跟我们 10 月中旬做 L 站的时候差不多。MOSAiC 的冰站到了 10 月底就没有了折射光。完全没有折射光的极夜也是我第一次体验到的，尽管我去过南极越冬。没有折射光的北极，出去工作必须带照明工具，大功率的头灯是每个人出行的必备工具。极夜给北极防熊工作带来极大的困难，要是再下点雪，能见度就更差了。长时间在黑暗中工作，人也特别容易紧张。因为是冬天，北极熊是 99.9% 都不会来的，但谁知道什么时候会碰到那个 0.1% 呢？就跟天气预报一样，预报员告诉你时有阵雨，关键是不知道什么时候是时有啊！建站以后，北极熊光顾了6次，好在是有惊无险，但是如果熊不被发现，人和设备的安全就难说了。

另外一点就是工作强度和广度。中山站南极越冬其实只有海冰观测是在野外进行的，其他工作都在观测栋，所以每次出去野外工作，需要人帮忙的时候，都总能找到人，因为大家都想出去活动一下身体。观测内容也只有我

北极的夜

自己的项目，节奏是可以控制的。一般每天中午吃饭前出去 2 个小时，下午吃饭后 2 个小时，这样的强度，人很容易缓过来，不至于过度疲惫。MOSAiC 第一个航段海冰组成员 12 人，所有航段加起来就接近 50 人（有些人要来 2 个航段）。没有参加第一航段的科学家也希望别人帮忙从第一航段开始就开展他们的观测项目，当然还有通过合作关系，人没来设备来了。总之，从事北极海冰研究的科学家们都挤破了头想参与到 MOSAiC 中，这导致了每天都有完不成的事。每天的工作安排分成两部分：早上 9 点到 11 点半；下午 1 点到 5 点半。零下 25℃的天气，没有阳光，这样的工作强度和环境，南极越冬是无法比的。

有一点是相同的，南北极越冬都要经历低温和大风天气。2006 年南极越冬一年下来，经历的最低温度是零下 35℃，最大风速达 24 米 / 秒。在 MOSAiC 冰站呆的这两个多月里，我们经历的最低温度是零下 34.5℃，最大风速达 23 米 / 秒。在南极，遇到特别低温的天气，我们会缩短野外作业时间。在 MOSAiC 冰站，由于任务太重了，低温不是缩短野外工作时间的理由，这里只有风特别大，能见度非常差或者北极熊来了才会取消作业。风的破坏力在南北极都不能小觑。然而在南极，我们观测的是固定冰，顾名思义，是跟大陆固定连接起来的海冰，即使风再大，在冬季也不会导致沿岸的海冰发生破碎。海冰破碎只会出现在固定冰外缘，所以风的破坏主要是对设备的破坏。MOSAiC 冰站则不然，风暴的一次次到来，多次使得海冰发生破碎，很多工作才理顺，设备才开始观测，一场大风就会把所有工作拉回到原点的状态，这种频繁的冰站维护和重建工作也会大大增加考察队的工作强度。像 ROV 站建好就漂走了，真令人身心疲惫。

如果说，两次越冬有什么相同的地方，那就是糟糕的厨师。越冬的厨师非常重要，因为物资匮乏，厨师要是没有计划性，没有一定的技艺，很快大家就会没胃口了。南极越冬那一年的厨师是一个山东的司机，不知道怎么的就成厨师了，一个山东人，连馒头都不会做。那时候，我们一周最开心的事情就是星期六的晚餐换成管理员老王下厨。管理员老王是一个连广东小点心都会做的兼职厨师。每次要宴请邻居俄罗斯进步站的科考队员，也是管理员老王出马。越冬结束，站长让大家提意见，我们都说要加强越冬厨师的选拔制度。据说我们的意见真起到了作用，以后冬训，队员可以给厨师做的饭菜打分，由此确定厨师是否胜任。Polarstern 上的厨师同样糟糕，原来的主厨因为爱人得了重病，就跟着 Fedorov 回去了，这样，原来的助理厨师成了主厨。这位新晋的主厨一点计划性都没有，每次拿很多肉出来，第二天觉得不合适，再把解冻过的肉放回去，这样，导致很多次我们吃的肉都坏了。当然，德国船上最糟糕的是每天都是土豆。在特隆姆瑟还摆了个乌龙，装食品的集装箱上错了，上了两个空箱子，结果原来应该有的鸡蛋、水果和蔬菜都少了许多，史上最豪华的考察队管理上也是有漏洞的。这让我想起去南极的那年格罗夫山队洋葱订多了，本来打算买 40 千克的，结果买了 40 袋。好吧，吃不完的就留给我们越冬队了。洋葱在所有蔬菜里面算是比较耐放的，还可以发洋葱苗，但吃多了，谁都会倒胃口。越冬回来，有很长时间我都不吃洋葱。

Polarstern 的伙食也不是一无是处，下午的点心是现做的，咖啡和啤酒也是很不错的，咖啡免费管够，啤酒只需要成本价。

Day 75

12 月 3 日

作业叫停

冰站漂流的第 60 天　北纬 86°1.54′, 东经 116°15.82′　−16.2℃

生长在海边的人，最怕的就是台风。台风一来，不但海塘有可能受损，菜地和庄稼地都会毁得一塌糊涂，而且还需要担心出海打鱼的阿爹。生长在江边的人就怕发洪水，洪水一来，为了保江堤，大米都可能是堵漏的材料，江心洲的村子也有可能变成沼泽地。

在北冰洋建冰站最怕的是风暴。今天气旋又来了，好像还不能叫风暴，因为最大风速只有 18 米 / 秒。气温在零下 25℃到零下 17℃之间，气象预报员管这样的气温叫比较暖和的天气。事实上，经历过了零下 34℃的天气，再经历零下 17℃的天气，确实会感觉暖和许多。冬天的北极就是这样，暖和的天气就意味着受到低压控制，风速就会增大，体感温度其实还是差不多的。今天风速增强了不少，还下起了雪，能见度自然会不好。早上 9 点半开始出去作业，10 点半不到，领队就决定叫停了所有的冰上作业，当时能见度可能只有不到 30 米。说夸张点，熊来了，走到跟前，跟你打个招呼，你可能都不知道，这样的情景之下，只好叫停作业了。

叫停作业，最麻烦的就是海洋组，都经历好几次了，叫停时要么他们的设备，比如 CTD，还在海里，需要一段时间才能把设备收回到冰面，才能停下来手头上的工作；要么他们处于海水分样的状态。今天就是这样，采水器一共 10 个瓶子，叫停作业时只分了 4 个瓶子的水样，要做完所有分样，则还需要一个半小时。既然叫停作业了，原则上就是半个小时内人和设备都要回到船上，这样，这次采水工作就得停止。是不是等天好了就可以继续采水呢？当然不是。今天采水的是地球化学循环组，他们采集的是水体里的温室气体，时间长了，气体就跑了，水样就不能用了。采过的 4 瓶水能不能继续用呢？要是能用，下次采水就可以少采点了。这也不行，要是用这 4 瓶水，和下次采的水一结合，不是一个水体剖面里采的。说了半天，就是今天海洋组做的工作，白干了。还好，在叫停作业前，ROV 作业点的电终于调通了，有电了，设备终于可以取暖了。Marcel 脸上终于有了笑容，但笑容只维持了不到半天。

又出事了，还是电，还是风。这次强风在 MOSAiC 冰站没有引起很明显的裂缝，但她的能量也没有闲着，导致大量的冰脊形成。在船头右舷方向，形成的冰脊导致电缆被埋在了乱冰里。好吧，不处理就有可能导致电缆被拉断，好不容易花了几天架设的电缆。谁处理？强风，乱冰，这么恶劣的环境只好后勤组出马了。花了 2 个小时的工夫，在 17 米 / 秒的强风下，他们终于把电缆从乱冰中挖出来了，架设在冰脊上。冰脊有一米半高，电缆跨过冰脊，自然会消耗不少富余量。架设电缆时尽管预留了富余量，但经这么一折腾，电缆就很紧张了，再绷紧 2 ~ 3 米，电缆肯定会被拉断。

今天，就我个人而言，根据昨天组会的安排，下午需要去遥感观测站防熊，但现在作业叫停了，刚好有了休息的机会。前几天的低温，我鼻子又有点冻伤了，尽管很轻，但能在船上养一养总是好一些，以免进一步恶化。

风暴

Day 76

12 月 4 日

冰墙

冰站漂流的第 61 天　北纬 86°6.42′, 东经 118°45.83′　–16.2℃

■ 冰墙

“天苍苍，野茫茫，风吹雪地显路标。”这是起风的第二天，风比昨天小些，12 ~ 15 米 / 秒，6 ~ 7 级风，这是能出去作业的底线了，所以今天大家都按捺不住出去工作了。下午我到遥感组作业，那边通上电了，但重新建站后很多设备都还只是放在那，重新调试和安装是需要时间的。1 ~ 2 天能完成一台设备的安装就不错了，Gunnar 希望能在第二航段的人到来前完成所有设备的安装。前几天从船头方向前往遥感观测站还需要利用雪橇搭个小桥，昨天晚上的大风把临时放在那里的雪橇直接给掀翻了，小裂缝没有了，形成了冰脊，冰脊不断地被挤压推高，现在已经是冰墙了。

我们要去遥感观测站作业，必须翻过这道冰墙，冰墙已经有 2 米高了，崎岖嶙峋，深一脚浅一脚的。我们用铝钎、冰镐和冰铲把冰墙稍微修整了一下，

挖出来一个小豁口，弄得像偷挖敌军的城堡似的。因为风比较大，我们也很难把路修得多好，只是临时处理一下，着急去作业点干活啊！“翻了墙，也进不了城堡，弄不到粮食。”墙的那一面也是白茫茫的一片，雪浪一层一层的，根本就找不到通往遥感观测站的路，好在冰脊并没有把所有路标都挤坏。后勤组做路标时，都给贴上了反光胶带，在风雪中反光材料若隐若现。只能顺着这飘忽的路标往前走了，还好，也就是 200 米的路，拐了两个弯，就到了。

遥感观测站多了一个地标，一个简陋的冰屋，据说是 Stefan 搭的，说是给防熊队员用，挡挡风。但有点简陋，只有半米高，似乎只能给脚挡风了。在雪浪和飘忽的灯光映衬下，倒是有点景点的意思，好吧，到此一游，只能拍照用了。冰屋倒是挺结实的，至少在 9 级大风的蹂躏中没有倒下。大风挟着大雪，有些雪是新下的，有些是风吹雪，不好区分，因为都是横着扫过来的。脸蒙上了，戴上了风镜，但无论你怎么处理，怎么保护，横扫过来的雪总能钻到空子，找到打你脸的地方，就像夏天的蚊子。这种天气中在外面待上两个小时，你会发现脖子里面都能找到雪花了。风吹雪是厉害，遥感组的营地是一个简易房，有点像工地的门岗。进出电缆的孔尽管已经被海绵堵得严严实实的，但我们进去时，发现地板上已经有不少积雪了，室内的积雪必须清理掉，否则化了就有可能引起电器短路。

下午在遥感观测站，只简单地维护了一下设备，因为仪器箱根本开不了，稍微一开，雪就进去了。雪在设备布放点、营地和冰脊周边堆积着，迎风面被障碍物一挡，雪都堆积在那。要是你的设备是用来观测积雪的，必须保证观测视场没有突起的障碍物，否则积雪不平均分布就可能给观测带来误差。下午 3 点半我们就回去了，一方面风太大，干不了什么事；另外一方面能见度也就只有 100 来米了，防熊队员也不好一直朝着风向看，否则脸和眼睛都受不了，防熊压力太大。我们回去的时候，还得翻那道冰墙。翻过去一看，“敌军”在那候着呢，是媒体组的。这是多好的素材啊，又是风又是雪的。媒体组的几位队友长枪短炮地在那候着，也够敬业的。当然，这样的画面在纪录片里就显得弥足珍贵了。

Day 77

12月5日

收获

冰站漂流的第62天　北纬86°8.57′, 东经121°8.64′　−18.2℃

12月3日，Dranitsyn终于是离开了特隆姆瑟的锚地，前往MOSAiC冰站。按原来的计划，11月27日，它就应该出发，只是巴伦支海的风暴太强了。Dranitsyn船头甲板上放了几个冷冻或冷藏的集装箱，放的都是食品。我们第一航段已经吃过一次亏了，两个装食品的集装箱没有带，所以这次，大家不敢掉以轻心，要是冒着风险过巴伦支海，集装箱的供电系统都可能被破坏，补给的食品就有可能变质。在北极冬天的极端环境下，人是很脆弱的。吃，说起来不那么重要，但工作压力大时，还吃不好的话就有可能影响考察队的团结。

冰屋

今天，Dranitsyn 已经到巴伦支海北部、法兰士·约瑟夫群岛南部的冰区了，也就是说它已经安全穿越巴伦支海了，当然，食品也安全了。进入冰区以后，尽管风还很强，但海冰足以把海浪给压下去，起到了消浪的作用。后面的航时主要取决于海冰，其实现在航程已经过半了，但冰区的航行时间还是很难估计，不过再保守，下周的后半周，Dranitsyn 也应该要到了。MOSAiC 的第一次轮换提上了日程，按照航次的规定，每个航段都会出版一本航次报告。在 Fedorov 完成的工作需要单独编辑成一本航次报告，那本报告已经进入整编待出版状态了。航次报告主要是记录本航段都做了什么事情，当然不是记流水账，而是需要统计各个专业各个作业任务的完成情况。出海前，大家都会有很多构想，谁都希望航次结束的时候多收个三五斗，但现场的作业环境不是大家能完全预料和掌控得了的。最后，肯定是有些人的任务完成得好一些，有些人收获则会少一些。就我的项目而言，在 Fedorov 那一部分完成得还是比较漂亮的，基本上都是按照来之前的构想进行。到 Polarstern 后，出了两方面的问题。一方面是对时间序列观测准备不足，这主要是经验问题。以往我们的北极考察都是在夏季进行，长期冰站也就是一周，谈不上时间序列观测，所以，围绕主冰站，我只布放了 3 套海冰物质平衡浮标和 4 套海冰漂移浮标。这样的工作跟两个月的投入是不成正比的，要是准备得好，应该能完成更多的工作。另外一方面，就是手指冻伤了，耽误了三周的工作，康复后也很难百分之百投入工作。

做海冰动力学的 Jari 应该说收获是很大的，因为海冰对风暴的响应越来越强了；Ian R 是一个勤快的学生，承担的项目最多，但海冰的一次次破碎把他弄得筋疲力尽；Stefan 的收获也不少，海冰再破碎，直升机的作业是不会受到影响的，Stefan 每周都能做上 1 次机载的激光雷达扫描，要是能坚持一年，这样的数据量是以往难以想象的；水下机器人 ROV 作业也很重要，但不知道为什么站点总出问题……季节不一样，每个航段都会有每个航段的难题。第二航段的海冰会更厚更稳定，但气温也会更低，作业更困难。

除了编写航次报告，大家都忙着写航段轮换的文档，物资的存放、观测区域的布置、设备的维护、作业的经验等都需要记录在文档里，否则下个航段的人来了就找不到北了。

Day 78

12 月 6 日

北极的月亮

冰站漂流的第 63 天 北纬 86°8.34′, 东经 122°17.50′ –25.1℃

今天天气不错，几乎没有风，也不算太冷，零下 26℃，好吧，相比前面的暴风和零下 34℃，就算是个好天气了。早上起来收到了小礼物，餐桌上，每人一份，巧克力小礼包，为了庆祝“Nikolaus day”，欧洲大陆的节日。今天还是芬兰的国庆日，Jari 和 Ilkka 早上起来都特别的精神。

下午出去，遥感组的 Oguz 说天边的是啥，太阳？不可能的，都这时候了，哪来的太阳。是月亮，我毫不犹豫地说。因为这跟南极的月亮长一样，亮得有点假，就跟画出来的一样。今天阴历十一，不是满月，但不妨碍月亮的亮，前面连续 3 天的风暴把乌云全赶跑了，今天能见度特别的好，风只有 2 ~ 3 级，月亮和星星都特别的亮堂。北极和南极一样，大气的污染是很小的，但北极的水汽比较大，在冬季也不像南极那么干燥，相对湿度维持在 75% 左右，所以能在北极看到这样的月亮是非常不容易的。我来北冰洋考察已经第 7 次了，也是第一次看到这样的月亮，这月亮赶上一个探照灯了。今天在驾驶台值班的是 Bjela，一个去过中国的女生，原来是做船员的，现在在 AWI 后勤部门工作，是后勤组的骨干。冰站遇到大事情，总有她的身影，构建防熊电网、冰裂了抢救电缆、熊来撵熊等。我们每次出去干活前都需要报告驾驶台，今天，每组出去干活向驾驶台报告时，Bjela 都不忘告诉大家“Enjoy your moon”。老外的情感关怀，跟中国人是不一样的，他们更愿意说出来。有一次干完活，Mario 说，“Don’t move, enjoy your silence for 2 minutes”。确实，闭上眼睛，在那一刻，冰面都是静默的，要是没有风，那么你会感觉世界好像突然停滞了一样。

我们在遥感作业点干活的时候，老远就听到歌声了，Ian R，一个总喜欢唱歌的男生。说实在的，说不上好听，而且至今我都没搞清楚他唱的是啥，王磊说好像来来回回就是那么两句。但这不重要，关键是唱歌的心情，距离有 300 米，你都能听到他在唱歌，而且是一边干活一边唱歌。我想好心情跟很多因素有关，接我们的船快到了，我们可以回家了；这次的风暴并没有把冰站怎么样，冰站已经有 10 多天的平稳期了，他重新布设的各种观测设备已经逐步摆脱了 11 月中旬那场风暴的影响；月亮，鹅蛋黄般的月亮自然也起到

了烘托气氛的作用。感谢月亮，感谢好天气，好天气真的可以给人带来好心情。

管数据的 Antonia 是一个疯狂热爱足球的女孩。在德国，足球跟啤酒一样重要。今天晚上，考察队开放了冰上活动，就是 7 点到 9 点可以在冰上活动，当然范围只是船边上的后勤作业区。Antonia 组织了足球比赛，这已经是她第 3 次组织足球比赛了。冰上活动也是需要防熊的。吃完饭的时候，她就四处问，谁可以防熊。我看她特别的热情，而且防熊也就是 1 个小时，就答应了。还好，答应了，否则躲在房间里就不可能看到今天的夜色。白天的月亮固然亮，但偶尔还是有点云遮月的，晚上的月亮告诉我们，白天的她真的不算啥。逐渐，一传十，十传百，到了晚上 8 点多，冰上就多了不少专门下来拍摄月亮的队员。Antonia 他们的球还踢着，但显然，今天的主角不是这两支多国部队组成的球队，而是月亮。

月亮是疯狂的，更疯狂的是考察队员，Marcel 决定，今天 ROV 观测站加夜班，今天要干通宵，他们要用 ROV 下一个网，捕获浮游动物。Mario 看 Marcel 干得来劲，他也要到海洋观测站，开展海洋湍流的连续观测。晚上的探空气球本来是在船上释放的，今天因为有人值班防熊，他们也计划在冰上释放探空气球，而且要做系留汽艇的观测。红彤彤的探空气球帐篷、红彤彤的系留汽艇，再加上红彤彤的月亮。零下 26℃的冰站，不缺乏温度，暖烘烘的。似乎大家都希望抓住第一航段这最后的疯狂。

北极的月亮

Day 79

12 月 7 日

Group Picture

冰站漂流的第 64 天　北纬 86°9.88′, 东经 122°6.29′　−21.8℃

■ 合影　/　Esther Horvath　摄

电影拍完了叫杀青，电视剧最后一集叫大结局。按现在的船位信息和航行速度计算，Dranitsyn 应该是星期二早上到达我们这。星期一我们需要把 Polarstern 所有实验室和工作空间清理规整一遍，以迎接新的队员和科考物资。明天是星期天，按规定是弹性工作制，也就是说，没有太紧要的事明天可以不工作。所以今天是第一航段最后一个规则观测工作日了，今天的天气也很给力，跟昨天一样几乎没有风，零下 24℃，温度也不算太低，能见度很好，月亮依然很亮，更圆了。今天，我们晚上 7 点半拍一个集体照，以庆祝第一个航段的任务顺利完成。为什么选择晚上拍，因为白天大家都还要工作，另外白天跟晚上，在极夜里几乎没有区别，唯一的区别是晚上的月亮更高更亮。老外拍集体照的风格跟我们不一样，我们讲究端正，拍集体照时要穿一样的衣服，有人坐着，有人半蹲着，有人站着，方方正正好几排。

MOSAiC 的集体照拍摄点选在船头右舷的冰脊上，也就是前几天说到的冰墙上。一方面大家往那一坐就错落有致，谁都能被看见；另一方面船头的探照灯往那一打，不但不用闪光灯，而且还很有大片的感觉。拍照没有要求穿一样的衣服，但要注意保暖，总不能因为拍集体照把自己给冻着了。大部分人还是穿着一样的红色连体服，跟平时上冰工作一样，但也有标新立异的，Verena 穿了一件卡通连体服，我开玩笑地问她，“跟你拍个照需要付 5 个欧元吗？”；Mario 拿了个冰芯钻，我说“Although you are the member of Team Ocean, but you still have a sea ice hart”；Audun 是滑

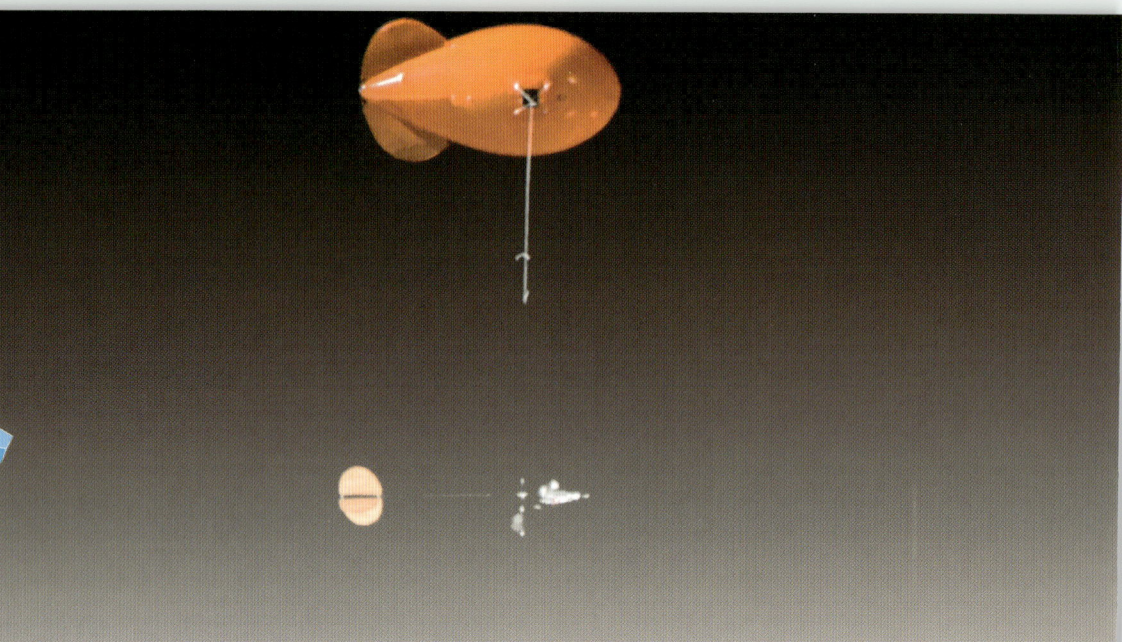

着雪过去的，后勤组的几位队员都拿着枪。大家都希望在集体照里一眼就被认出来，领队也没有所谓的 C 位。负责拍照的是媒体组的 Esther。她先是给大家拍了几张，然后把相机架在三脚架上，自己就可以在集体照上露面了。尽管今天还是很冷，但拍照时大家都把脸露出来了。

拍完集体照，还有庆祝活动，今天有酒会，为满足更多人参加酒会的需求，举办地从酒吧挪到实验室，专门清理出来的 Wet Lab 2。今天是瑞典人做东，酒是他们买的，他们也兼职做服务生。关键的关键是他们做了小吃，肉丸子，吃起来跟我们的四喜丸子差不多，但大小跟冰糖葫芦一样，牙签一串，吃起来也方便。实在吃腻了兼职主厨做的菜，这丸子起到了很好的调味作用，而且丸子是刚做好的，还热乎。啤酒就丸子，痛快。回到特隆姆瑟，第一件事想做什么，大家的回答都跟吃有关。我们几个中国人说好了，回去后的第一顿吃中餐，“北京人家”。估计一个人得要三碗米饭，再要点回锅肉啥的，10 分钟就能吃完。

尽管今天的酒水是免费的，但谁也不敢多喝，因为后面还有很多事情要做，航次报告、上传数据、卸货、交接班，这有点像我们在南极考察站的交接班。第一航段只是 MOSAiC 的开始，后面还有 5 个航段，这是一场科考马拉松，或者说接力赛，第一棒跑好了，后面也不一定能跑好。我们需要耐心和毅力，谁都希望自己的观测项目能持续 6 个航段，这就是 MOSAiC 的魅力。

Day 80

12 月 8 日

最后的坚持

冰站漂流的第 65 天 北纬 86°17.62′, 东经 121°16.77′ –20.8℃

11 月中旬一场大风把冰站破坏后，灾后重建工作整整花了 20 天时间。其中受灾最严重的是遥感观测站，那里设备多，观测站直接放弃了，所有设备都需要挪到新的观测点重新安装，为此 Gunnar 多次都显得情绪很低落。大气观测站最糟糕的是 30 米的塔倒了。海洋观测站尽管也是重新布设的，但他们是把一个帐篷连锅端，所以只花了一天工夫重新安装好了。ROV 观测站主要是通电的问题。昨天，已经拍完集体照了，该庆祝的也庆祝了，是不是就到此为止了。显然，今天，大家都没有放弃最后工作的机会。

昨天有酒会，今天又是星期天，早上大家都休息了，下午继续干活。Polarstern 网站上的“Trip Log”又开始热闹起来了。Log 上显示了下午最多时有 6 个组在冰上工作。下午我在遥感组工作。下班前，他们把所有设备都布放好了，相对第一阶段的遥感观测站，他们还多安装了一套 C–band 的散射计。作业完备，庆祝了一下，在他们的营地上每人喝了小半杯酒。按规定，工作期间，尤其是冰上工作期间是不能喝酒的，但工作已经完成了，而且马上要下班了，喝上一小口，也就是图个痛快，所以大家今儿个就破例了。今天没有开雪地摩托，也就不用担心酒驾了。气象观测站，一个下午都是叮铃咣当的，最后阶段了，他们还来了个大动作。他们在架设 30 米的气象塔，不过就是矮了一些，变成了 23 米，上次被吹弯的一节给截掉了。6 个人，花了一个下午的时间，塔一点点地架了起来。塔倒下的时候有些传感器已经摔坏了，他们找了备份的，实在没有备份的，就少装一些。毕竟有了这座塔，和冰上 11 米的塔以及船上的观测设备搭配起来，观测数据就更加丰富了。从冰上回来的时候，Ola 和 Matthew 师徒两人异常的兴奋。“驾驶台，驾驶台，气象组回来了”，“气象组，我们知道你们的塔架起来了，祝贺！”这是他们回船时与驾驶台的对话。这样，冰站 2.0 就宣告建设完成了，我们可以交给第二航段一个完整的冰站了。

下午 Marcel 和 Ilkka 把所有作业点、采样点和布放的设备都巡查了一遍，把所有点的位置都记录下来了。尽管各个作业组都会对各自作业点的位置进行记录，但海冰的动力学过程实在太强了，点跟点之间的相对位置每天都在发生着变化。我们交给第二航段一个冰站，信息必须是更新的、全面的。

Dranitsyn 离我们只有 200 多海里，但由于进入了密集冰区，航行速度大大减缓，在 2 ~ 6 节，所以最快也要 12 月 10 日晚上才能到，而且冰

■ 科学之城

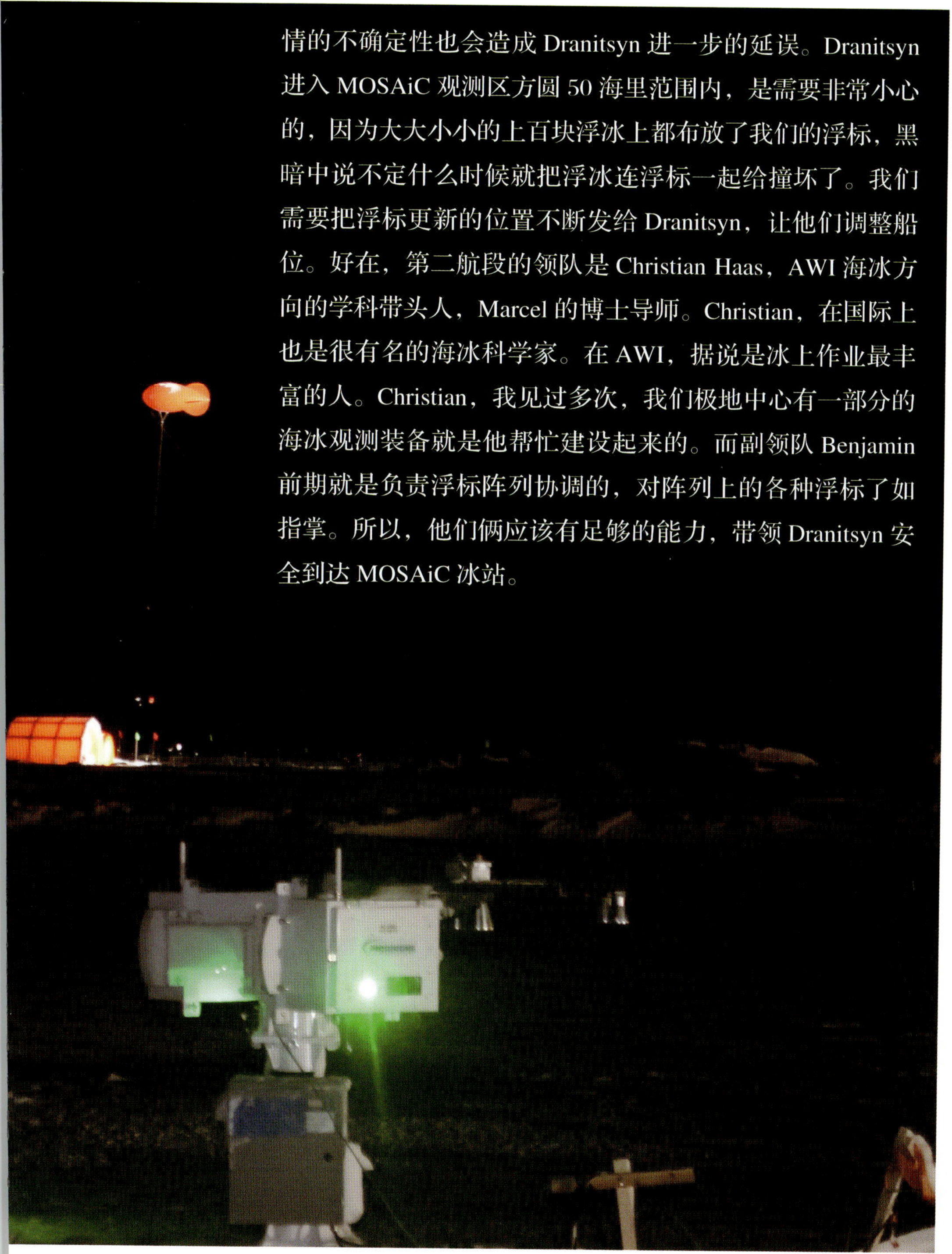

情的不确定性也会造成 Dranitsyn 进一步的延误。Dranitsyn 进入 MOSAiC 观测区方圆 50 海里范围内，是需要非常小心的，因为大大小小的上百块浮冰上都布放了我们的浮标，黑暗中说不定什么时候就把浮冰连浮标一起给撞坏了。我们需要把浮标更新的位置不断发给 Dranitsyn，让他们调整船位。好在，第二航段的领队是 Christian Haas，AWI 海冰方向的学科带头人，Marcel 的博士导师。Christian，在国际上也是很有名的海冰科学家。在 AWI，据说是冰上作业最丰富的人。Christian，我见过多次，我们极地中心有一部分的海冰观测装备就是他帮忙建设起来的。而副领队 Benjamin 前期就是负责浮标阵列协调的，对阵列上的各种浮标了如指掌。所以，他们俩应该有足够的能力，带领 Dranitsyn 安全到达 MOSAiC 冰站。

Day 81

12 月 9 日

规整

冰站漂流的第 66 天 北纬 86°24.71′, 东经 120°53.62′ −22.5℃

今天的主要工作就是整理物资，实验室的、存储集装箱的，以及营地里的。整理好了，打扫卫生，单个存储空间里的物资要登记在册，同样的物资存储在不同地方的也要登记在册。航段跟航段之间的交接人员有些比较熟悉，有的也只是开过几次电话会议。MOSAiC 是要收费的航次，主要是为了补贴庞大的后勤开支，大部分课题组很难保证每个航段都有人参加，人不在的航段，谁管你的设备，怎么管，这是一个大问题。找相熟的朋友，找相熟的朋友的朋友，实在不行，通过不同航段的组长来协调，通过同一个支持项目的首席来协调等。这意味着，在一个航段里，实际上你不但要承担自己的科考任务，还要承担别人托付给你的，或组长安排的任务。就海冰组而言，AWI 研究所是东家，所以他们能保证每个航段都有 2 ~ 3 个人参加。他们的工作交接自然不成问题，但通用工具是他们负责的，冰钻、冰尺、冰锯等。他们要保证通用设备数量足够大家正常使用。美国几个单位的项目都是美国国家自然基金会（NSF）支持的，他们内部有比较好的协调机制，基金会的极地办公室有时候也会过问项目的进展情况，他们也能保证每个航段都有人在 Polarstern 上。俄罗斯跟我们一样，是后勤支持换来的舱位，但他们只做海冰研究，只做海冰的力学观测，没有参加其他的观测组，所以也能保证每个航段都有 2 ~ 3 个俄罗斯队员在。Egor 是连续参加第一和第二航段的；Nikolai 要断断续续参加 3 个航段。Jari 把海冰动力学的工作统筹了一下，保证每个航段都有 2 ~ 3 个人开展相关的工作。

我们雪龙船的后勤支持换来了 26 个人月在 Polarstern 的舱位和 7 个人月在 Fedorov 的舱位。但在 Polarstern 上，参加海冰组的只有我一个人，所以我把我的工作主要分成了两个部分。浮标的工作主要跟美国俄勒冈州立大学的

■ 极星号的坚守 / 王磊 摄

Jennifer K. Hutchings，以及 AWI 的 Mario Hoppmann 合作，后面的工作就让他们找人处理。船上的观测主要是交接给上海交大的刘海龙，他是海洋组的，第二航段唯一的中方队员。我的观测设备是中文程序控制的，只好找他了。船上很多人都忙着写设备操作的 SOP（Standard Operation Progress），忙着给留在 Polarstern 上的物资贴标签。交接只有那么几天，不可能什么事情都能交接清楚，不清楚的只能查各种各样的文档了，以后在电子邮件里提到一些事情，至少船上的人有案可查。在船上学了一招，贴标签除了物资名字说明外，老外还会贴一个单位的 Color Code。所谓 Color Code 就是同一个单位的物资外面都用一样排列组合的带色胶带贴上，比如芬兰气象研究所，用“蓝蓝白”组合，在系统里登记一下，以后别人一看到箱子上贴着蓝蓝白胶带的，就知道是芬兰气象研究所的了。胶带总是比文字更加醒目。

后勤的物资也需要大规模的调整，雪地车“Pistenbullys”终于下冰了，这跟我们南极中山站卸货用的雪地车是一个类型的，但前期冰太薄太不稳定了，所以一直都没敢下冰。Pistenbullys 下冰主要是两个目的，一方面，从 Dranitsyn 把货转运到 Polarstern，Pistenbullys 可能会帮上大忙；另一方面，Pistenbullys 的个头特别大，在后甲板放着太占地方了，新的物资上来也没地方放。Pistenbullys 下冰初试了一下身手，把后勤作业区的积雪整理了一下，也没敢多跑，尤其是一些薄的一年冰区，是不敢上去的。

Dranitsyn 不断地靠近 MOSAiC 冰站，到了晚上就剩下 100 多海里了。考察队决定，等相距 40 海里的时候，两个航段的领队和两艘船的船长会碰一下头，最后决定靠近的路线，浮标阵列的浮标位置会实时更新，在 L 站还有 AIS 自动识别系统，Dranitsyn 应该能够找到一条安全路线靠近冰站。

Day 82　12 月 10 日

MOSAiC 马戏团

冰站漂流的第 67 天　北纬 86°30.44′, 东经 121°2.36′　-21.3℃

船尾有一个值班室，是厕所改造的。准确地说，按原来计划，MOSAiC 冰站上是配置有厕所的。后来大家一上冰就巴不得一分钟当两分钟用，谁会想到去厕所呢。根据我的经验，上冰前需要大概 10 分钟穿衣服，从上到下都是三件。衬衣衬裤，两件连体服，里面那件是柔软的保温材料；帽子从里到外，是套头帽、线帽和连体服的帽子；脚也是穿两双袜子加雪地靴；手冻了以后是戴两双手套，里面是线手套，外面是滑雪手套，受伤的手还要放暖宝宝。这么穿下来，还要去通信房拿对讲机，把要上冰的设备搬下去，然后发动雪地摩托，把物资绑扎在雪橇上，去枪室拿枪。拿完枪不能走带暖气的通道，否则枪膛或子弹过于暖和就会形成水汽，再到外面遇到冷空气就会冻在一起了。曾经有一次，回船前，我要卸弹夹，硬是卸不下来，冻住了。要是这种情况发生在子弹上，就会很危险。因为子弹要是冻在弹夹里是上不了膛的，真正来熊时，你要上膛，那只能干着急。

说回到衣服，这么一身衣服穿下来，下船前这么一串流程走下来，能不出汗吗？所以上冰前和上冰后的半个小时，都是出汗，但谁也不会因为出汗就大意，出门前，装备少穿一样，就有可能像我的手指一样冻伤。第一航段下来，大家冻伤最多的是鼻子和脸颊，实在不好保护，特别是戴眼镜的人，保护严实了，就容易因为眼镜冻上霜看不见。说了那么多，就是说上冰干活，一般是不可能有尿意的，当然上冰前大家也不会喝很多水。只要不在冰上过夜，大便更加不可能有了。我只听说过有队员在黑暗区采集冰芯时小便的，这在帐篷里用小瓶子就能解决。所以考察队准备的厕所就没有派上用场。好吧，好不容易准备的木房子，总得干点什么用吧。船尾防熊值班室，后来就干这个用了。船尾是防熊的盲点，也是要塞。船头方向区域，从驾驶台瞭望一目了然，所以防熊不成问题。Polarstern 的舷梯是从后甲板的“Working Deck”

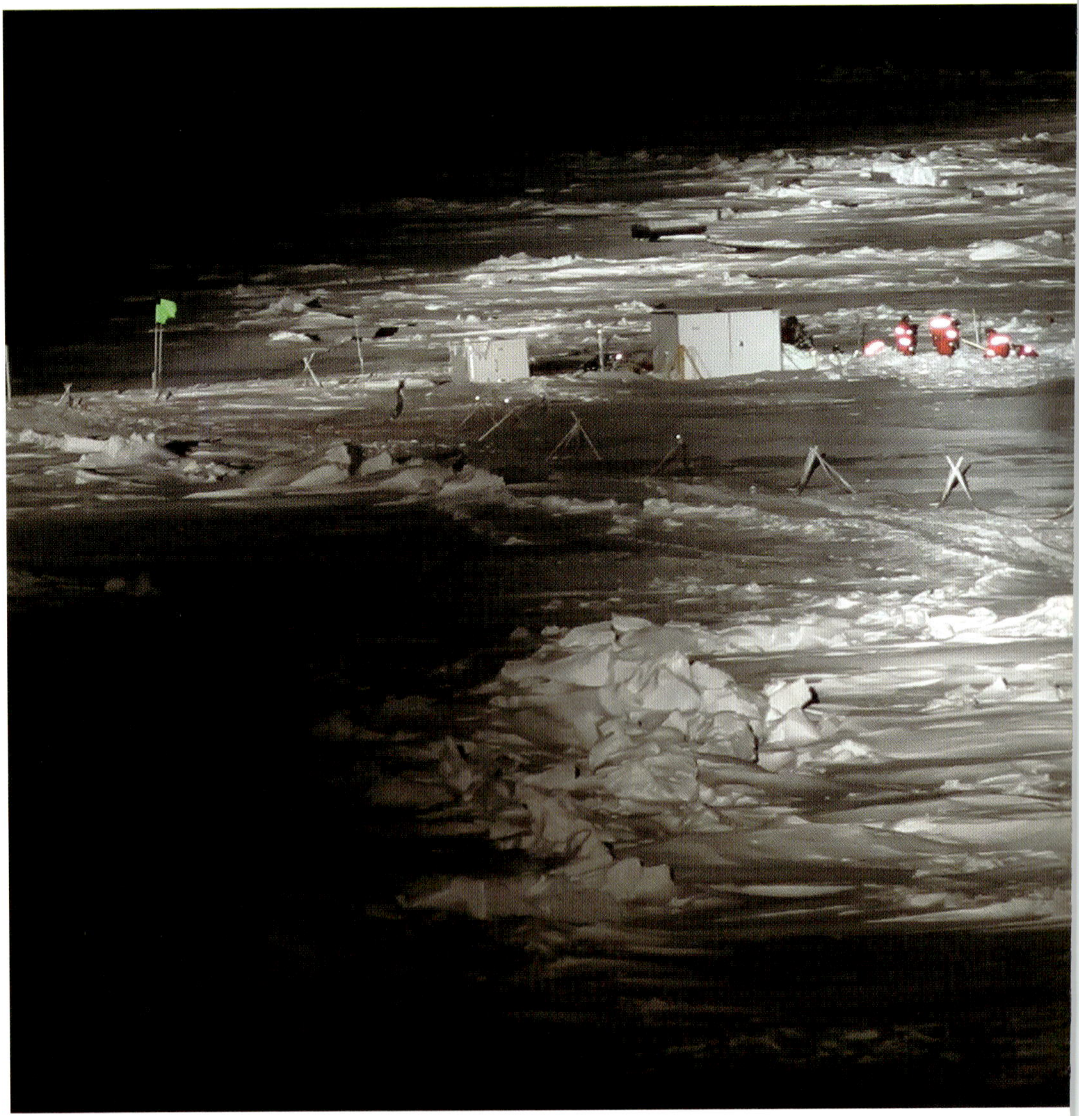

ROV 抢险

下去的，所以后甲板也是最容易下到冰面的区域。那里值班的都是后勤组的队员。后甲板值班主要负责以下任务：一是舷梯放下去之前要侦察清楚船尾的情况，确保没有任何可疑情况才能报告驾驶台，下放舷梯；二是时刻保持警惕，船尾和舷梯边上的冰面有什么情况，确保能第一时间把枪准备好，并下到冰上保护作业人员；三是各个作业点如果出现熊，船尾值班人员能够第一时间下到冰上进行支援。其实冰上防熊的队员有一半是科学家，是没有足够能力把熊打败的。遇到情况一般采用两种处理方式：用信号枪把熊吓跑；如果熊离作业点还比较远的话，一边用信号枪一边等待船尾值班人员支援。上次气象观测站来熊，就是冰上防熊的 Hans 和在船尾值班的 Bjela 把熊撵跑的。

后甲板防熊值班很重要，也很辛苦，因为值班就是一个人。驾驶台上值班，人来人往的，偶尔还能有个人说说话，开个玩笑。冰上值班，虽然冷点，但可以看看别人的作业，也可以看看冰上的景致。但后甲板，只有一个没有取暖设备的小房子，两个小时也不一定有人跟你说一句话。所以在后甲板值班的人员都是后勤组的人。后勤组的队员一般会把考察队最辛苦的活都揽下来。一方面他们真的能干，另一方面他们有很好的职业素养。他们大部分都是探险家，很有经验。在选人过程中，AWI 研究所的后勤部门还特地考察了他们的团队协助能力，这点在 MOSAiC 冰站这样的环境下是非常重要的。

再有职业素养的人，在一个用厕所改造的值班室里值班也是需要调节情绪的。值班室的门上逐渐多了一些涂鸦和不着调的鸡汤文字，其中有这么一行字挺有意思“You are now entering the MOSAiC circus. Have fun and enjoy the show”。是的，无论在驾驶台值班还是在船尾值班，你都可以看作是在看马戏。冰面上有七八个组的作业人员，各不相干，用小时候刚学的日记体说，就是有的人在打冰芯、有的人在观测雪坑、有的人在布放设备、有的人在放气球、有的人在开雪地摩托、有的人在清理冰洞，……时不时，对讲机里还会传来这样的声音：哪个组马上要上冰了、哪个组马上要回来了、哪个组马上要更换作业点了……有没有清明上河图的感觉，有序地忙碌着。熊始终牵扯着大家的神经，尽管整个第一航段才来了 6 次，Polarstern 出海后，连路上也只有 9 天遇到了熊。值班防熊的队员只能自己找乐了。

第三篇
归 航

2019 年 12 月 11 日，我们终于是看到了 Dranitsyn 的身影，但还是星星之火，40 来海里之外。一直到 12 月 13 日，Dranitsyn 才靠上主冰站，我们迎来了第二航段的队员，上海交大的刘海龙是第二航段的唯一中方队员。12 月 13—18 日，MOSAiC 完成了第一航段和第二航段的交接工作。12 月 18 日，中方第一航段的 5 名队员随着 Dranitsyn 离开了主冰站，路上度过了圣诞节和元旦，12 月 29—30 日在斯瓦尔巴群岛西南部的海冰边缘区（北纬 78°19.03′，东经 40°41.18′）成功躲过了巴伦支海的超强气旋，超强气旋的中心气压达 961 百帕，12 月 30 日夜里离开了北极冰区。2019 年的最后一天，穿越了巴伦支海，2020 年 1 月 2 日，回到了特隆姆瑟港，正式结束了第一航段的工作。我们回程从北纬 86.7° 至北纬 69.7° 一共花了 15 天的时间，我们离开陆地达 105 天。

Day 83 12 月 11 日 星星之火

冰站漂流的第 68 天 北纬 86°34.58′, 东经 120°41.74′ −26.5℃

船来了，Dranitsyn。但还停在 40 海里以外。因为能见度很好，在驾驶台上能看见西南方向若隐若现的星星之火，其实也就是像作业点的灯光一样，但已经足够吸引队员们到驾驶台观看和拍照了。Polarstern 也不再是孤军奋战了，10 月 18 日 Fedorov 回去以后，到现在也差不多两个月了，整个北冰洋也只有 Polarstern 在这里作业，所以现在多了一个伙伴，大家还是比较愉悦的。今天的冰站显得比往常璀璨，十六的月亮，能见度很好，繁星闪烁。现在所有观测站都正常供电了，自然也亮着灯光。后勤组开始根据新的冰站布设防熊网，关键节点也增加了路灯。当然 Dranitsyn 的灯光也是璀璨的光源之一。今天从操作层面，做了两件事：领队 Markus 利用直升机访问了 Dranitsyn，针对双方的一些具体事情进行了沟通；两个航段的大副进行了交换，去 Dranitsyn 的大副主要负责引领 Dranitsyn 穿过浮标阵列往 MOSAiC 冰站靠，来 Polarstern 的大副主要负责落实物资交换的次序计划。去 Dranitsyn 的大副眉宇间兴奋了一下，因为终于可以动起来了，尽管开的不是自己的船，但作为一名驾驶员，已经 2 个多月没动船了，手痒得很。

尽管还看不到 Dranitsyn 的影子，但星星之火足够点燃大家回家的心绪了，大家开始讨论是否能赶回陆地过圣诞。我们中国来的，希望能赶回家过元旦就足够了。元旦前后的机票也不怎么好买，因为船期还存在不确定性。所以临时改签或新买机票都可能存在问题。回去是否会遇到风暴，冰情怎样等因素都可能影响到船期。

按照计划，Dranitsyn 要到明天下午或晚上才能靠上来，之后的交接时间是 2 ~ 3 天，科学的交接和物资转移平行进行。大家都担心自己交给别人的事情是否能交接清楚，作业点在哪，哪些设备现在还有什么问题，观测项目怎么开展，要注意什么事情等。大家一方面希望交接时间能长一些，这样事情能弄得更加清楚，另外一方面也希望能早点回去。我们出海已经 80 多天了，这对于很多队员来说都已经是极限。在黑暗寒冷的北冰洋中心区域，每天都重复着差不多的工作，看着差不多的景致，神经肯定会有些疲劳。疲惫归疲惫，大家还是惦记着明天早上还能干点啥。很多事情就是这样，越到最后越会冒出一些事情来。有两个新布放的浮标居然只传输了 2 组数据，这两天还得想办法把它们收回来，重新测试。

■ 星星之火

Day 84

12 月 12 日

截止时间

冰站漂流的第 69 天　北纬 86°35.90′, 东经 120°0.44′　–24.6℃

今天的关键词是“Deadline”，各种截止时间，明天开始，所有观测工作都被官方认定是第二航段的工作了。晚上 12 点之前，Dship 观测记录系统会关闭，明天再开启就是第二航段了。什么时候，我们的邮件系统会关闭；什么时候，我们的公共文件夹会被删除；什么时候，我们必须归还借用的后勤物资。一切的一切都在提醒着我们，我们参加的第一航段就要结束了。官方给出来的第一航段到明天为止，刚好是 MOSAiC 冰站漂流的第 70 天，我们出海的第 85 天，离开家的第 93 天。海冰的漂移并没有单调地向北，11 月基本都在北纬 85.7° ~ 86.2° 之间徘徊，但从 10 月下旬至 11 月上旬，以及进入 12 月，海冰有两个明显向北漂移的过程。从 10 月 5 日开始漂移至今，MOSAiC 冰站从北纬 85°12′，东经 132°59′ 漂移到了北纬 86°36′，东经 119°56′，向北漂移了 1.4 个纬度。11 月 16 日那一天，漂流速度达到了最大，为 1.4 千米 / 小时。风速超过 15 米 / 秒的大风天气有 8 天。从选择冰站，靠泊冰站，Fedorov 离开，建设冰站，冰站遭遇风暴而开裂，开展冰站二期建设，到 Dranitsyn 到来。时间过得真快，太阳一点点消失，气温一再创出新低，冰站已经经历了 2 个月圆月缺，6 次北极熊造访，最低零下 34℃的气温。我们在冰上安装的设备总量达 100 余吨，连同浮标阵列的浮标，一共布放了 125 枚浮标。在第一航段我们消耗了 12.7 余吨的食物。在这里我们收获了数据，收获了经验，收获了友谊。

为确保浮冰阵列不被破坏，MOSAiC 冰站不被撞裂，Dranitsyn 以蚂蚁般的速度迂回穿越浮冰阵列，就像穿越地雷阵一样，一天下来就靠近了 30 海里。

积雪观测

Dranitsyn 靠泊以及货物和人员的交换又比前两天估计的推迟了一天，不过，大家都知道这是值得的。好不容易构建的阵列，建设的冰站，总不能因为补给船的碰撞，重新来一遍吧。今天下起了雪，能见度并不太好，但 Dranitsyn 依然变得越来越明显，就像远处的灯塔一样。看到它，就想到了家。不多久，我们就可以回到有亲人和阳光的故乡了。然而，来自阿拉斯加的 Robert 说，回去也是黑的，而且阿拉斯加比这还冷。冬天，北极最冷的区域不在北冰洋中心区，而在北美北部和西伯利亚地区。

Polarstern 上的船员不都是德国本土的，船员这行当本来就是国际化的。Polarstern 上就有 3 个中国人，分别来自上海和宁波，年纪大的孙师傅在这艘船

上干了20多年了，很多从国内来参加国际合作航次的老师都认识他。他平时也比较照顾老乡们，会想办法给大家开个小灶。今天，孙师傅把自己从国内带来的腊肉贡献出来了，给大家做了一道小菜。其实做法很简单，就是把腊肉切好了，在烤箱里烤了一下。但这腊肉足以刺激大家的味蕾，舌尖的味道足以让大家想起家乡的饭菜。腊肉就红酒，红酒是船上买的，5欧元一瓶。没有米饭，是最大的遗憾，船上没有电饭锅，厨房也不像国内食堂一样有蒸米饭的设备。好吧，简单满足一下。腊肉其实有点油腻，如果能夹在馒头里吃味道肯定也不错，但馒头也是没有的，不过有面包，各种面包。面包夹腊肉，这个可以有。

Day 85

12 月 13 日

握手

冰站漂流的第 70 天　北纬 86°35.67′, 东经 119°7.13′　–24.8℃

朋友见面，先握手，保持距离的寒暄和问候。今天早上 8 点，Dranitsyn 终于在 MOSAiC 冰站靠泊成功了。Dranitsyn 的船头对着 Polarstern 的后甲板左方，保持 10 来米的安全距离，缆绳一系，成功握手。这是这个航次 Polarstern 第二次跟别的船握手了。第一次是 Fedorov，那次有些肆无忌惮，因为两船的交接只是临时找了一块浮冰靠泊，所以把冰撞成啥样都不要紧。这次握手可谓小心翼翼，因为冰站，丝毫不敢大意。还好，终于还是握手成功了，舷梯也放下来了，两艘船的科考队员就可以来回走动了，这对科考项目的交接十分有利。有人说 Polarstern 和 Fedorov 那是老外式打招呼，来个热情拥抱；Polarstern 和 Dranitsyn 则是中国式打招呼，谦谦君子。

船跟船握好手后，先是两个航段考察队的领队，两艘船的船长握手；然后召开全体组长级别以上的碰头会。第一航段的领队介绍了前期作业遇到的问题，目前冰站所处的状态，后面重点需要关注的事情等。新来的领队，主要说了新上的都有什么物资，卸货的困难在哪，对冰站作业的疑问等。交接计划是 3 ~ 4 天，每天白天按 3 个时间段来分配工作。在同一个时间段里一半工作组的人员需要协助船员卸货，另外一半工作组的人员自行安排与新队员的交接，所有科考项目都要人对人地交接清楚。很快卸货作业就开始了，这其实跟我们南极中山站的卸货有点像，不但量大，还繁杂，不同单位不同作业组的设备，怕冻和不怕冻的食物，转移到 Polarstern 后立刻要进行分拣，然后搬到适当的存储间。

前两天 Dranitsyn 还是星星之火，今天却离得如此之近了，船上一下来了很多陌生的面孔，说实话还有点不习惯。今天，大家说话的量肯定是平时的好几倍。一方面多了很多倾诉的对象；另一方面，就是各种的交代，生怕第二航段的人上来了找不到物资、找不到作业点、不会用设备、不知道怎么配合，就像母亲向将去上大学的孩子吩咐事情一样。更有意思的是，第二航段来的是老师，像 Matin，而第一航段来的是学生，像 David，这样的话，就是学生嘱咐老师了。

Dranitsyn 到来

Dranitsyn 是小心翼翼地靠泊成功了，但冰并没有那么的听话。傍晚，冰裂了，裂缝是从 Polarstern 船头延伸出去的。显然，Dranitsyn 进来的时候还是惊动了不太稳定的浮冰站。裂缝很快发展起来，跟上次一样，遥感观测站第一个受灾，观测站纵横 3 条裂缝。遥感观测站的设备昨天才完全调试完成，还喝了庆功酒。Gunnar 再次陷入迷茫，所有设备都必须停止工作，然后先就近转移。Oguz 的心态好一些，那就让第二航段的人学会怎么拯救设备，怎么安装设备吧。确实傍晚拯救设备是两个航段遥感组的队员一起完成的。气象观测站也有一些影响。不过神奇的是，尽管裂缝出现了，也是纵横交错，但所有设备暂时都是安全的，尽管冰缝近在咫尺。

今天，第一航段，官方宣告结束。冰站漂移了 70 天，沿航线漂移了 400 海里，平均漂移速度 0.23 节，然而海冰漂移很多时候是来回迂回的，所以净漂移距离只有 120 海里。晚上，不经意间，受伤的手指指盖掉了，本来就很松动了，所以掉的时候并不疼。新的指盖还没长好，只有一个雏形，希望这也是标志着一个新阶段的开始吧。

Day 86 12 月 14 日

吃上了苹果

冰站漂流的第 71 天 北纬 86°36.78′, 东经 118°26.35′ −21.9℃

很多德国人家里的院子中都种有苹果树，苹果可能是德国最普通的水果了。但德国的苹果很难说好吃，就像是野苹果一样，又硬又涩。跟我们的冰糖心苹果和红富士是没法比的，跟东北的黄元帅也没法比。苹果是比较耐放的水果，我们在南极越冬的时候，苹果也是储存到最后的水果，苹果蔫巴了，只要里面没有坏，都是能吃的。我记得，我们那年的苹果一直吃到第二年的 5—6 月。所以，我们认为 MOSAiC 第一个航段很快就没有水果了主要跟人太多有关，存储水果蔬菜的库经不起 100 多号人的消耗。我们南极越冬才 18 名队员。况且，从特隆姆瑟上物资的时候还少上了两个集装箱的食品。

现在，物资随着 Dranitsyn 的到来，补充了不少，水果里，补充最多的自然是苹果。快过圣诞了，但老外的平安夜跟苹果实在没有多大的联系。国内卖苹果的不知道什么时候找了这么个点子。今天中午吃上了苹果，还是野生苹果的味，青苹果，但那股清脆味，已经久违两个月了。长时间不吃水果，冷不丁地一吃其实胃会有点受不了，我才吃了一个，就感觉胃酸难受。什么事情都需要有个过渡，难以想象，从现在起，应该是20来天就能到家了，那里的阳光也许会特别的刺眼。接近3个月没有看到太阳，阳光可能都会让我们炫目。出门再也不用从头包到脚了，再也不用戴头灯了，终于可以吃上米饭了。今天协助卸货的时候，我们帮忙搬食品，一个集装箱的土豆。德国人可以天天吃土豆，如果说为了避免过于单调，无非就是每天换一下土豆的种类和做法罢了。

今天晚上，海冰组开了一个总结会议，就是第一航段的队员，每人用2 ~ 3张幻灯片，介绍一下自己的工作，当然参加的人还包括第二航段的队员。讲报告的人基本都是3个信息：在这干活不容易；我们已经取得了不少数据，希望第二航段的队员继续照顾第一航段留下来的观测项目。

冰缝

Day 87

12 月 15 日

加油站

冰站漂流的第 72 天　北纬 86°37.13′, 东经 117°57.04′　–28℃

Dranitsyn 的到来，主要任务除了运输物资和交换人员，还有就是给 Polarstern 加油。Polarstern 要在这里维持 1 年的观测，就必须要有足够的油料。Dranitsyn 给 Polarstern 加油是最耗时间的，也是决定着 Dranitsyn 最后离开的时间。我们刚来 MOSAiC 冰站进行雪地摩托培训的时候，Thomas 就告诉我们雪地摩托使用完了，记得到后勤作业区的加油站加油。

船如此，车如此，人也如此，时间长都得加油。Polona 是海冰组的新组长，Jari 跟她说，我们已经没有能量，后面的事情需要你们来维持。Polona 及其他们新同事自然是充满能量的。他们除了尽量维持第一航段的工作外，还会增加一些新的想法，新的设备，新的能量。第二航段的队员在离开特隆姆瑟港的时候，有个队员家里出了点事，来不了。所以第二航段多出来一个舱位，第一航段的队员可以多留下一名队员。舱位是免费的，只要向领队说明留下的理由即可。好几个组都酝酿了一下。生态组的组长 Allison 想留下，因为第二航段的生态组本来就少了 2 个名额，人手不够啊。地球化学循环组希望王磊留下来，因为王磊是他们组最强壮的，钻取冰芯缺人。海冰的 Ian R，希望留下，因为他的观测项目最多，而第二航段任务是交给 Polona，后者是组长，事情太多了。领队权衡了一下，决定让 Ian R 留下。因为 Ian R 的状态最好，他一直都很享受在冰站的工作，耐得住寒冷和寂静。这是很重要的，连续干两个航段就意味着出海时间超过 6 个月，这是需要勇气的。Ian R 具备这样的

■ 加油站

素质。领队 Markus 做出这样的决定后，Ian R 也很高兴，因为他也不用担心自己的项目第二航段的人干不好了。另一方面，作为唯一临时改变计划要留下的他，多少会有一些难过。要是来之前，就知道自己会待两个航段，心里也会有个准备和预期，现在只花了半天时间就做出来的决定，心里肯定不好受。别人收拾行李，是为了搬到 Dranitsyn，然后离开，当然有些人后面的航段还会再来，但至少有了回家加油充电的机会。Ian R 收拾行李，只是为了从这个宿舍搬到另外一个宿舍，换一个舍友。不过，相信等我们走了，Ian R 很快就会恢复过来。因为他是为冰雪而生的，他是那个可以在冰站一边干活一边唱歌的男子汉。为他防熊也是一种享受，因为他会一边做记录，一边放音乐。我们也希望 Ian R 的歌能够传唱到第二航段，尽管没几个人能听懂他在唱什么。

Ian R 决定留下来后，也招来了不少工作，因为他是第二航段最熟悉 MOSAiC 冰站的人。很多队员有些工作向新队员交代不清楚的，都需要 Ian R 来帮忙，比如在哪个作业区干什么工作，需要注意什么事情等。

回去的人，好好加油，好好充电，然后投入到新的工作中；留下的人也希望能与新队员精诚合作，还可以吃到补充的新鲜食物，吃新厨师做的饭菜和点心，进行短暂的加油和充电，完成第二航段的任务。

Day 88

12 月 16 日

第二次转移

冰站漂流的第 73 天 北纬 86°35.89′, 东经 116°24.80′ –19.3℃

今天最大的工程就是转移。Dranitsyn 上的新队员转移到 Polarstern，我们第一航段的队员转移到 Dranitsyn，这也是我们第二次从一艘船到另一艘船的转移。我们 9 点前需要搬出寝室，并且把寝室打扫干净，把被套和床单拆下来放到回收袋里，把行李集中到会议室。一部分队员留在 Polarstern 负责把行李搬到直升机甲板上，然后用吊车吊到 Dranitsyn 上；另外一部分队员先到 Dranitsyn，把行李从甲板搬回住舱。新队员同样是这么一个过程，只是方向反过来罢了。行李大包小包的，花了整整一个上午才转移到位，进住舱前，还要等原来住在这的队员搬出来，然后服务员把卫生搞好。这有点像住酒店办理入住。

中午饭是在 Dranitsyn 上吃的，感觉跟 Fedorov 差不多，最大的不同是我们来的时候对蔬菜和水果没有太强烈的向往，现在蔬菜和水果却都是我们的首选。可能是服务员不够吧，Dranitsyn 是需要帮厨的。中午吃饭的时候，就得把晚上帮厨的事情安排好。俄罗斯南北极研究所的 Nikolai 成了考察队和船员之间的翻译。

吃完午饭，大家想到的第一件事就是回 Polarstern，行李也不整理了，堆在住舱里，行李有的是时间整理，Dranitsyn 虽然还不熟悉，但也是有时间去熟悉的，但 Polarstern，很多队员，有可能一辈子也就来一次，现在要离开了，自然不舍。回 Polarstern 至少可以收发邮件，尽管每次都只有 50 K；可以享受

■ Polarstern 和 Dranitsyn

下午茶，据说新来的点心师水平很高，哪怕不比原来的高，不同的点心师风格自然是不一样的；从红外监控系统里看看冰站最新的情况，是否有新的裂缝；看看 Ian R 等从第一航段留下的队友。当然也有工作上面的事儿，第二航段的新队员还没有进入状态，卸货还需要我们帮忙。有些工作前两天没有交代清楚的，今天可以继续。尽管只是离开半天，但回到 Polarstern，心里会有一种回家的感觉，毕竟在这里住了两个月，对这个船太熟悉了。Jari 说要么我们再去洗个桑拿，虽然只是开玩笑，但大家也都会心地笑了起来。

在 Polarstern 的会客厅，怎么坐着都是第一航段的人，都回来了，服务员问我们回来干嘛？我们都说是回来喝咖啡的！ Jari 为了安慰 Ian R，把自己的鞋子送给了他。

装卸货还在有序地进行着，总感觉慢条斯理的，9 点开始卸货，到 10 点半就要喝咖啡了。领队和科学家们干着急，船员是不会急的。第二航段的队员想尽快进入日常工作状态，但对于船员来说，MOSAiC 也只不过是众多航次中的一个，没什么特别，船员只会按自己的节奏干活。

Day 89

12 月 17 日

结束·开始

冰站漂流的第 74 天 北纬 86°38.16′, 东经 114°31.85′ –18.8℃

MOSAiC 第二航段的开始就意味着第一航段的结束。第一航段的人员已经不能申报今天的 Trip Log 了。如果我们要参加野外工作，只能是作为编外人员列席各个野外工作中。第一航段的领队是 MOSAiC 的总首席 Markus，第二航段的领队是 Christian，后者在冰上的工作时间累计有 3 年之多。在 Dranitsyn 靠上 MOSAiC 冰站之前，我们所有作业站点都完成了重建工作，遥感作业点上的观测设备也都进入正常观测阶段。本来以为，在 Markus 的带领下，我们可以交给 Christian 以及其他第二航段的同事一个完整的冰站，但是经过 Dranitsyn 靠泊的折腾，冰站多处出现了裂缝，遥感观测站再次进入停滞的状态，所有设备都再次转移了。气象观测站，裂缝纵横交错，还好没有破坏电缆；黑暗区已经难以企及了，Robert 已经去过了两次，还是没有完成探路的工作。今天 Allison 甚至因为探路掉到冰缝里了，他们都担心新来的队员最后找不到采样点。最不幸的是 ROV 作业点，昨天还好好的，今天冰缝从 ROV 的帐篷下通过，跟上次海洋观测站的帐篷一样，不得不撤离。今天 ROV 帐篷的撤离是由两个航段的 ROV 作业队员以及一些协助的后勤组和海冰组成员一起完成的。非常惊险，裂缝已经贯穿帐篷底部了，穿过了冰洞，还好没有对帐篷造成破坏，但如果没有被发现，再等一天不知道会发生什么事情了。最后 10 来个人，用了一个下午的时间才把帐篷里面的设备撤离并把帐篷拆了下来。

我们并没有交给第二航段的同事一个完整的冰站，这是比较遗憾的。遥

冰吧台

感组和ROV组的同事，在我们走了以后可能需要花一周的时间，选择作业区域并重建观测体系。新同事，面对这样状况，也是很无奈。我们第一航段的工作是循序渐进的，刚开始构建DN浮标阵列时零下七八摄氏度，还有阳光，环境还不算恶劣。第二航段的同事，从离开特隆姆瑟锚地，一直到MOSAiC冰站，只花了10天的时间，离港时，特隆姆瑟气温在零摄氏度左右，到了作业区就是零下20多摄氏度了，作业强度也一下子加了上去。因此，对于第二航段的同事来说，适应过程更加艰难。海洋组有一位新来的同事到冰站的第一天就去布放海洋浮标，可能是肺部进寒气了，这两天一直在咳嗽。

晚上，两个航段的队员都可以上冰活动，有一个官方组织的Ice Bar，喝的也是温酒，各种不同组合的合影，各种不同话题的道别，还有冰上足球。原来觉得Polarstern伙食不好，在Dranitsyn住了一天，回过头才发现Polarstern的食物并不差，有24小时供应的咖啡和面包，有便宜的巧克力和啤酒。Dranitsyn和Fedorov的最大不同是，前者是一个船公司管理的，而Fedorov则是俄罗斯南北极研究所管理的。所以Dranitsyn更加精打细算，没有下午茶，饭菜也没有 Fedorov 上的丰盛。Fedorov，更多的是国际合作，研究所之间总得客气一点。这两天，我们总找机会回到 Polarstern，收发一下邮件，喝杯咖啡。船长跟我们说，要是实在不想走，可以像 Ian R 那样留下来，大不了睡沙发就是了。尽管不舍，不舍一点点建起来的冰站；尽管留恋，留恋 Polarstern 的节奏，但又有谁有勇气像 Ian R 那样留下来再待两个月呢?

卸货进展得不错，考察队决定让 Dranitsyn 明天下午 3 点离开这里。我们是 11 月 17 日从 Fedorov 转移到 Polarstern 的，到今天我们刚好在 Polarstern 上生活了两个月。现在，MOSAiC 冰站离最近的人类生活区有 800 多千米，那里是俄罗斯北地群岛的 Baranova 角；离北极点还有三个多纬度，360 多千米；离我们的北极黄河站有 1 300 多千米。我们就是在这样一个冰站上工作和生活了两个月。

Day 90 12 月 18 日 归航

冰站漂流的第 75 天 北纬 86°40.81′, 东经 113°35.08′ –18.5℃

昨天已经定下来今天下午要走了，但流程怎样还不知道。中午 1 点，Dranitsyn 广播通知了，舷梯 2 点要收起，这意味着 2 点以后所有要回去的人都必须回到 Dranitsyn。听完广播，第一反应是穿好衣服，下舷梯然后到 Polarstern 去。我们算好了，保险起见 1 点 45 分回到 Dranitsyn。这样，在 Polarstern 上呆的时间满打满算也就是半个小时。半个小时可以做什么，可以收发邮件，可以跟自己的设备合个影，可以跟第二航段的同事道个别，幸运的话，可以到餐厅拿个 Polarstern 的面包。反过来，Ian R 一路小跑，穿着 Robert 送给他的羽绒服，跑到了 Dranitsyn 的舷梯口了，跟每一位下船的队员拥抱了一下。

匆匆忙忙的，按时回到了 Dranitsyn，Marcel 象征性地从冰站拿起来两面旗子，总得带走点什么吧。2 点，舷梯收起来了，与 Polarstern 绑在一起的缆绳也收起了。Polarstern 鸣笛了，放起了音乐，但 Dranitsyn 似乎有点不解风情，并没有太多的回应。Dranitsyn 甲板上的水手，只顾着干活，驾驶台也只顾着想办法安全地远离 Polarstern。还好，Dranitsyn 进来的水道并没有封冻得很厉害，冰还比较薄，Dranitsyn 退出去几乎没有难度，也几乎没有偏向，就这样，两艘船离得越来越远了。

两艘船上队员的心情是不一样的，离开的时候 Dranitsyn 的船头斜对着 Polarstern 的船尾。Dranitsyn 的船头站满了队员，几乎所有要走的队员都出来了，

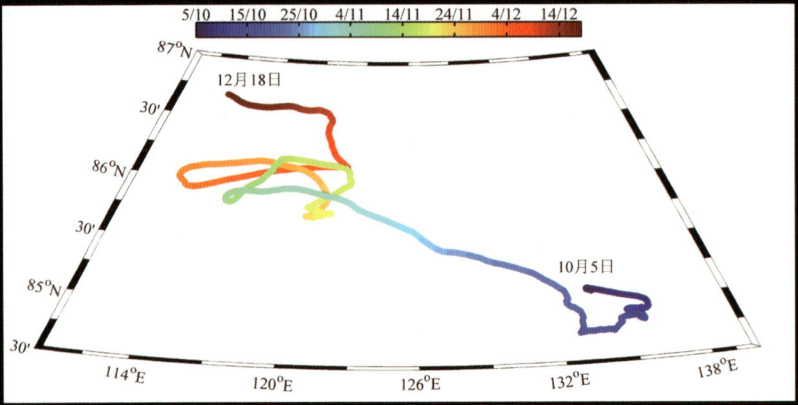

MOSAiC 冰站从 10 月 5 日至 12 月 18 日的漂流轨迹

道别

谁都想再看看冰站，再看看 Polarstern。然而，Polarstern 后部的飞行甲板上并没有多少人。冰站上熙熙攘攘的，有几个作业组的人已经按照正常的日程开展冰站作业了。船上的队员，有些可能在忙着调试设备，有些可能在忙着整理刚从 Dranitsyn 转移过来的物资，他们需要尽快进入战斗状态。道别固然重要，但显然不是他们的必修课。别了，希望冰站一切安好。

Polarstern 上的船员岗位设计和我们“雪龙”船不一样。比如说大副，我们的大副负责甲板上的一切事务，包括物资的存放、装卸货等。然而，Polarstern 上的甲板大副和货运大副的职责是分开的，其中货运大副负责装卸货工作，他需要清楚知道每件来往物资的去向。科考船的物资显得很零散，生态组的 Nicole 有一批物资需要从 Polartern 转移到 Dranitsyn，并带回去，其中有一件物资她觉得放在住舱更合适，她就从集装箱里拿出来了，并没有向货运大副报告。那好了，货运大副在清点物资时发现少了件物资，就找到 Nicole 头上来了，了解情况后，对 Nicole 批评了一阵。当然，从另一方面也看出了他的责任心。像科考船这样繁杂的装卸货任务，似乎是需要一个专职的货运大副来管理。

12 月 18 日是我们离开 MOSAiC 冰站的日子，这个日子对于我来说还有点纪念意义。2005 年，14 年前，我第一次到极地，也是这个日子上的中山站，这似乎是一种巧合；然后，是 2006 年 12 月 18 日离开中山站的，刚好一整年。Dranitsyn 是我坐过的第 5 艘破冰船，“雪龙”号、“极光”号（Aurora）、“极星”号（Polarstern）、“费德诺夫院士”号（Akademik Fedorov）、“佐尼斯基船长”号（Kapitan Dranitsyn），都是各个国家功勋级的极地破冰船。Dranitsyn 主要是商业用途，是客货两用船，也经常用于极地旅游，其他的船都是科考船。但这次离开，还是非常的不一样。第一次冬季在极地冰区破冰航行，Dranitsyn 破出来的水道在夜色中冒着烟气，跟 MOSAiC 的冰缝水道一样，暖和的海水遇到极其寒冷的空气，烟雾弥漫，尽显壮观。晚上在 Dranitsyn 甲板上逛了一圈，发现也明显和 Polarstern 不一样。甲板上，栏杆上积满的冰雪说明了 Dranitsyn 从特隆姆瑟到 MOSAiC 冰站的不容易，也预兆着我们的归航不会是坦途。Dranitsyn 离开冰站，跟来的时候一样，需要绕过浮标阵列上众多的浮标，所以到了晚上 8 点，Polarstern 还依稀可见，相反，这次 Polarstern 变成星星之火了。

Day 91

12 月 19 日

Lance 号被困

冰站漂流的第 76 天 北纬 86°15.81′, 东经 114°44.37′ –18.0℃

上船的第一天，就听到了重磅消息。挪威的一艘抗冰船 Lance 号在斯瓦尔巴群岛北部的冰区被困了，可能需要援助。起因是两位挪威的探险家 Mike Horn 和 Børge Ousland 经过将近 2 个月的穿极徒步探险后，到了斯瓦尔巴群岛北部的海冰边缘区，但再也到不了开阔水域了，按他们的说法，估计 12 月 6 日就有可能没有食物了。原来，这两位探险家是打算滑雪到海冰边缘后驾驶帆船到达朗伊尔城的，但 11 月 26 日他们就感觉自己完不成任务了，只好向 Lance 号求救。鉴于两位探险家的状况，Lance 号不得不往冰区里面开了 70 ~ 80 千米，也刚好是 12 月 6 日救起了 2 位探险家，但不幸的是自己被困住了。Lance 不是破冰船，只有一定的抗冰能力，估计只能破 70 来厘米厚的薄冰，但凡有些冰脊它都是破不动的。Lance 本来是挪威极地所的船，曾经承担过像 N–ICE2015 这样著名的漂流冰站计划，后来挪威极地所新建的破冰船下水后，就把 Lance 船给卖了。

尽管被困，Lance 船目前还只是口头上表达了希望被营救的想法，他们自己本身还在想办法走出冰区，没准来个风暴，冰被吹散了，他们就能自己走出来。Dranitsyn 是离 Lance 最近的重型破冰船，按照国际惯例，本来是有义务前往该区域实施营救的，但既然 Lance 还没有正式发出 SAR 求救信号，我们只能是观望。鉴于这样的背景，一早还没起来就听到广播说 9 点半要开全体会议，领队通报了上述情况。Dranitsyn 已经把大部分油料输送给了

Polarstern，要是实施营救的话，可能中间需要在某个港口加油，这样包括营救的时间，我们可能会在路上多花 4 ~ 5 天的时间。Dranitsyn 可能会在斯瓦尔巴群岛上的朗伊尔城靠一次港，大家可以从那上下船。听到有这样的可能，后勤组的几位队员都十分兴奋，因为他们就住在朗伊尔城。当然这些都只是可能，Dranitsyn 大概会在 12 月 23—24 日走出重冰区。现在 Dranitsyn 的速度只有 2 节左右，很多时候还需要倒车，所以只有走出重冰区才能知道油料够不够，需要怎样实施救援工作。再说 Lance 目前并没有太大的危险，只是走不动而已。所以只能是等等再说了。开全体大会，目的是让大家知道事情的来龙去脉。要是过几天决定实施营救，会耽误大家回家的时间，好让大家心里有个底，我们毕竟出海 90 多天了，大家都有些归心似箭了，况且在 Dranitsyn 上也没有具体的工作，越是到后面，大家越想尽快靠岸。

■ 冰雪蛋糕

Day 92

12 月 20 日

船被卡住了

冰站漂流的第 77 天 北纬 85°49.47′, 东经 112°18.36′ –23.0℃

昨天还想着怎么去救 Lance 船的，今天 Dranitsyn 自己也被卡住了。凌晨 5 点，Dranitsyn 正准备过一个冰脊，一下被卡住了，船头搁在冰脊上了，船尾螺旋桨有点使不上劲。分析原因，主要是 MOSAiC 冰站周边确实是重冰区，这跟两个半月之前我们来的时候完全不一样了。一方面根据 MOSAiC 冰站的数据，海冰在最近的两个月里增厚了 20 ~ 30 厘米；另一方面频繁的动力形变，导致大量的冰脊形成。再者，Dranitsyn 已经将大部分物资和油料转移到 Polarstern 上了，所以 Dranitsyn 现在的吃水特别浅，船身比来时轻了许多，撞

困境

上冰脊后，船身很容易往上窜，下不来就被卡住了。极夜冰区航行，能见度差，冰脊表面多有积雪且被风化，所以难以判断冰脊的冰厚，难以判断往哪是最优航向，这也是被卡住的主要原因。

破冰船卡在冰脊上，是经常发生的事情。Polarstern 在南极威德尔海冬季考察的时候，船也被卡住过，一点办法都没有，只能一边喝咖啡一边等。结果等了 20 来个小时，冰脊实在承受不了船舶的重量，松动了。“雪龙”船的破冰能力比 Polarstern 和 Dranitsyn 都要低两个冰级，在南北极都曾经发生过被冰脊卡住的事情。当发生破冰船被搁住的时候，除了等待，一般会采取下面的措施：调整压舱水，让压舱水在左舷舱和右舷舱之间来回调整，这样可以让船舶横摇起来，从而挤开冰脊；有些船舶有侧向喷水功能，通过喷水使得冰脊松动；通过调整螺旋桨的方向，让船尾摇晃起来。Dranitsyn 被冰脊卡住后，主要是调整螺旋桨的方向，来回晃动，结果折腾到中午 12 点半才从冰脊上退了下来，浪费了整整 8 个小时的航时。

我们新建的“雪龙 2 号”破冰船，充分考虑了被冰脊卡住的情况，特别设计了可以 360° 掏挖海冰的辅助螺旋桨。当遇到卡在冰脊上的情况时，就可以启动螺旋桨，从而把冰脊冰掏松。在“雪龙 2 号”破冰船初步设计阶段，曾经在芬兰做过冰池实验，实验证明这种技术是很高效的，哪怕是厚度 10 ~ 15 米的冰脊，也难以困住破冰船。

今天，Audun 给我们放了一部纪录片，讲的是 2014—2015 年他和一个挪威地球物理学家完成的一次致敬 Fram 号的探险。他们利用一艘气垫船作为营地，两个人单独完成了一整年的北冰洋穿极流区漂流探险，中间挪威利用固定翼飞机给他们空投过补给物资，除此之外一切都靠自己。气垫船是可以在冰上行驶的，但冬天怕被冻住，只能作为营地。一年下来，营地多次漂流穿过罗姆诺索夫海脊，他们俩获得了宝贵的地球物理数据。他们的探险行动和科学探索精神在挪威被传为佳话，还受到了挪威国王的接见和嘉奖。然而，Audun 为人极其低调，整个航次，我们都不知道他是像南森一样的探险英雄，只知道他是一名出色的防熊队员。在特隆姆瑟启航前的培训中，他还是我们人员落水求生的教练。联想到南森，联想到前几天在斯瓦尔巴群岛北部冰区被困的两位探险家，挪威可能是盛产北极探险家的国度吧。

Day 93　12 月 21 日

上自习

冰站漂流的第 78 天　北纬 84°56.82′, 东经 113°45.75′　-20.0℃

今天，Dranitsyn 似乎是越走越顺利了，从昨天被冰困住，哪怕不被困，船速也只有 2 节左右，到今天，船速逐渐增大到 4 ~ 5 节了，冰间的薄冰水道越来越多。

Dranitsyn 的船东是摩尔曼斯克船运公司。摩尔曼斯克是俄罗斯西北部唯一一个不冻港，靠近北欧。摩尔曼斯克船运公司管理着众多民用的破冰船，其中包括 4 艘核动力破冰船，胜利五十周年号最近几年非常有名，因为她组织的北极点旅游现在已经进入业务化阶段，每年夏季都会开展好几次。Dranitsyn 名字的由来是为了纪念一名著名的俄罗斯极地航海家 German Vasilievitch Dranitsyn 船长。它是 PC3 等级的重型破冰船，是货客两用船，除了船员以外，可以搭载 100 余名旅客，也曾经多次被旅游公司租用到南北极旅游。除了旅客之外，Dranitsyn 的船头和船尾甲板可以搭载大约 10 个集装箱，还可以搭载直升机。

Dranitsyn 不是科考船，所以没有实验室，也没有会议室。公共区域只有一个电影院，是一个真正可以放胶片电影的电影院；一个酒吧，可能是之前说好的，船方只提供酒吧，酒和饮料都是 AWI 研究所提供的；两个餐厅，一个是船员餐厅，另一个是旅客的餐厅，供 MOSAiC 的队员和从 Polarstern 回来的船员使用；有桑拿房、小型游泳池和健身房，和“雪龙”船一样，游泳池是海水的。房间里只有一个办公桌，不能满足两人同时在寝室办公的需要。

上自习

今天，领队在会议上再次提醒大家要组织好航次报告的编写，并给了提纲。MOSAiC 是分航段的，所以这个航段的报告是以后航段开展工作的基础，也是将来大家共享数据的蓝本。大家都不敢掉以轻心。与国内航次一样，大家都希望能在航次报告中很好地展现自己完成的工作，以后不同组的科学家看到航次报告就知道你的工作是什么，怎样找你合作了。

所以，Dranitsyn 一离开 MOSAiC 冰站，大家心就平静下来，开始忙着写航次报告。酒吧只是定时开放的，旅客餐厅也是只有饭点才会履行它作为餐厅的职责。平时，酒吧和旅客餐厅可以作为办公区，我们打趣说它们是上自习的地方。大部分科考队员在撰写考察报告，有时候会讨论一些数据图怎么做才好看，有些信息也需要大家共享；媒体组会在那整理照片、采访记录、音频和视频材料等；也有几位热心的队员会聚在一起讨论圣诞晚会的庆祝方案。大家都希望在出冰区之前，多做点事，出了冰区就是晃啊晃了。

在餐厅上自习，让我们想起了大学时光，一到考试前一周，早上 6 ~ 7 点就得去占座。旅客餐厅的办公环境好一些，但也是需要占座的，因为电源和桌子都是有限的。

Day 94

12 月 22 日

夜最黑

冰站漂流的第 79 天 北纬 84°15.50′, 东经 111°49.41′ −18.0℃

■ 冰 · 灯

吃早饭的时候，我跟 Ola 说今天是“Middle winter day”，Ola 一时没有反应过来，什么是“Middle winter day”，我说就是“The night will be longest”，Ola 笑了一下，说“It will be longer than 24 hours”。冬至，是北半球夜晚时间最长的一天，过了冬至，北半球的阳光会越来越足，白天也会越来越长。相反，南半球就反过来了。记得，我们去南极那一年的冬至（当地的夏至），有一名记者连续拍了一组太阳下山又升起来的照片，拼接在一起，就像太阳在地平线以上画了一道圆弧。

Ola 问，冬至，在中国会庆祝吗？会的，各地庆祝方式不一样，台湾会吃汤圆，说一直吃到元宵节，内地大部分地区会吃饺子。很巧，Dranitsyn 上昨天也是吃饺子，俄罗斯饺子，还不错，跟 Fedorov 的一样，肉馅的，没有白菜，有酱油，没有醋。

MOSAiC 冰站冬至的这一天也迎来了夜最深最黑的一天，说最长，怎么说呢，极夜就是 24 小时都是夜晚，冬至也不会超过 24 小时的。据说 MOSAiC 第二航段的领队 Christian 跟他们德国的南极考察站进行了一次对话和相互之间的问候，南极考察站的队员正在享受着 24 小时的阳光，但他们也不忘安慰 MOSAiC 的队员，“你们离有阳光的日子越来越近了”。

Dranitsyn 还在冰区正常航行着，没有阳光，只能靠探照灯来探路。好在，Dranitsyn 主建筑有 10 层，顶部甲板离开冰面大概有 50 ~ 60 米，探照灯的光柱能延伸至船头 1 ~ 2 千米。探照灯一打，夜幕画出几道蓝光，船头冰面形成了焦点，聚焦成了巨大的舞台，但没有舞者，没有生灵。时不时地降雪，船的热气遇到冷空气也会冻霜，所以船体表面都是白花花的，有点像巨型的蛋糕。

Day 95 12 月 23 日

冰间水道

冰站漂流的第 80 天 北纬 82°32.98′, 东经 111°19.17′ –21.0℃

海冰的剪切或扩散作用都会形成水道，冬季，海冰扩散不太容易发生，主要原因是没有足够的空间进行扩散，到处都是冰。所以，冬季的海冰形变是冰场剪切占主导。

在亮温和主动微波的遥感影像上，我们都发现北纬 83° 以南区域大量存在东北—西南走向的冰间水道，在遥感影像上能发现的水道，横向尺度自然不小，从图上判断，大多在 10 ~ 20 千米。水道在遥感影像上虽然是呈现黑灰色的，但表面并不是完全的开阔水。船走到跟前，发现表面是大概 10 厘米左右的新冰，上面还散落着雪花。这种新冰介于油脂冰和灰冰之间，在涌浪作用下，像海面铺了一张丝绸，随风涌动。水道的走向跟我们回去的方向是吻合的，所以 Dranitsyn 选择了顺着水道往西南方向航行，这有点顺水行舟的感觉。这样的冰对于 Dranitsyn 来说，自然是不在话下，最大航速可以开到 14 节，大多时候保持在 8 节以上。要不是极夜航行，能见度不那么好，Dranitsyn 可能还可以开得快一些。就这样沿着水道开了 20 来个小时。遗憾的是，在 Dranitsyn 我们只是普通的旅客，Dranitsyn 只是一艘普通的客货两用船。我们不能针对水道的新冰做太多的观测，我们只在船头架设了船基的电磁感应冰厚测量仪。要是我们能像在 Polarstern 上一样，做一些船基的冰面特性遥感观测，就完美了。我们在冰站上的观测已经发现，薄冰表面的冰花会对表面的微波特性影响很大，而随着海冰快速生长，盐分快速丢失，也会影响海冰的遥感

冰间水道上的薄冰

特性。这本来是难得的观测机会。

相比前两天，Dranitsyn 的提速，就像一下从坐绿皮普通列车变成了乘高铁，大家自然非常高兴，大家都算计着是不是可以提前两天回到特隆姆瑟。高兴归高兴，这几天考察队似乎遇到了麻烦事。很多人感冒了，一样的症状，咳嗽，流鼻涕，打喷嚏，还好没有人发热。大概估算了一下，不下 30 人，我自己也有些难受，尽管不是很严重。我们分析了一下，我们这些人在这样一个相对封闭的环境中已经生活了 90 多天，除了早期 Fedorov 和 Polarstern 有过一些人员交换外，我们根本没有跟外人接触过。这次，Dranitsyn 来了，可能带来一些病毒，我们这些人本来营养、维生素和日照都跟不上，脆弱的人体防御系统很有可能一下被击垮了。所以，很多人都感冒了。感冒在国外算不上病，你问医生，他会告诉你多喝水，一直喝水，不会主张你吃点什么药。当然，蒸桑拿也是治疗感冒的很好办法。我蒸了两天，感冒也基本好了。在 Dranitsyn 感冒可能也是件好事，这样，我们可以在这种小病毒中慢慢重新巩固免疫力，到了陆地也能较快地适应过来。

Day 96

12 月 24 日

平安夜

冰站漂流的第 81 天　北纬 81°59.68′, 东经 96°7.36′　–20.0℃

圣诞节对于大多数欧美国家来说，都是最大的节日。今天晚上是平安夜，自然大家都很重视。晚餐前，Jari 就组织了圣诞桑拿，他把留了一个航次的大胡子刮了，女生们都穿上了裙子，她们也是爱红妆的。AWI 研究所的所长给

圣诞老人发礼物

考察队发来了贺电。AWI 所长除了祝福我们圣诞快乐外，主要祝贺我们在第一航段取得的巨大成功。这跟我们出海时遇到中秋、元旦和新年，一些相关领导也会给我们考察队发来贺电一样。跟我们新年一样，下午主要是准备吃的和沐浴更衣。Dranitsyn 的晚餐没什么特别的，我们对于他们来说就是旅客，他们是商业公司经营的，所以也没有对我们特殊照顾，平安夜也没有想着给我们加餐。这也能体现出俄罗斯服务业的服务意识是跟不上中国的。

准备吃的，考察队只能自己动手，在酒吧上做文章了。从 Polarstern 跟我们一道回去的面包师和厨师做了一些糕点和温酒，酒吧的晚会 8 点开始。这是我第二次在国外的船上过圣诞节，上次是从南极回来在澳大利亚 Aurora 号破冰船上过的。那时候刚上船几天，跟船上的船员和队员都不认识，所以除了吃上圣诞大餐外，也没有什么记忆。这次，不一样，跟我们一起庆祝的是共同生活工作了 90 多天的船员和队员。晚会前也是有领导讲话的，领队、副领队和 Polarstern 的大副（船长还在 Polarstern 上）发表了“主旨演讲”。大副用的是德语，可能是为了照顾德国船员吧，我们不懂德语的只是听着，没有动容。领队和副领队用的都是英语，讲得还是很动容的。领队说“因为我们是科学家，所以我们远离了亲人，来到这个黑暗和寒冷的地方过圣诞……”；副领队说“在特隆姆瑟启航的时候，我们会有各种设想，各种计划，我们没有人知道将来的冰站会是什么样子的，但经过 3 个月的努力，我们建成了我们的冰站，我们在上面谱写了我们的乐章……”讲得大家眼眶都有点湿润了。圣诞只是一个符号，一个让我们穿上最光鲜衣服的理由，一个让我们煽情的理由。由于物资短缺，我们的晚会是简陋的，最高档的乐器是吉他和手风琴，圣诞老人的圣诞服不过是翻过来穿的工作羽绒服（内衬是橘红色的），里面再塞上救生衣罢了，但这不妨碍我们的仪式感，不妨碍我们交换圣诞礼物和友谊。若干年后，我们回到了自己的国家，过着自己国家特有形式的圣诞，兴许我们会想起来，在一艘俄罗斯船上，我们一群来自不同国家追逐着同样梦想的科研工作者一起过了一个简单而有仪式感的圣诞。MOSAiC 让我们走到了一起。

Day 97

12 月 25 日

光影定格

冰站漂流的第 82 天　北纬 81°39.03′, 东经 94°51.02′　−18.0℃

今天，摄影记者 Esther 把她拍摄的照片整理成图片集，配上了音乐，做了一个图片秀。从准备航次到第一航段结束，我们经历了比普通航次更多的过程。不同国家的队员备航过程大致相同，登船后的生活基本一样。

早在 2015 年，就听说了 MOSAiC 的概念，把 Polarstern 冻在北冰洋穿极流区域，开展为期一年的漂流冰站实验。那时候 N-ICE 项目刚结束，Marcel 在组织大家撰写 MOSAiC 海冰方面的科学需求。当时也没有太深入参与，因为中方怎么参与，还不太明确。

2017 年，原国家海洋局局党组针对我国参与“北极气候研究多学科漂流观测站 MOSAiC 计划”做了明确指示，我们需要积极参与 MOSAiC 计划，并最终实现“实有所得”。在极地考察办公室的统一策划下，以陈大可院士为团长，中方第一次组团参加了 2017 年 11 月 13—16 日在俄罗斯圣彼得堡南北极研究所举行的 MOSAiC 执行研讨会（MOSAiC Implementation Workshop）。会议明确了 MOSAiC 航次的组织形式，理清了各个工作组的现场工作以及合作机制。中方代表大可院士表示我们不但会在后勤上给予大力支持，还会组织队伍参加 MOSAiC 5 个学科组的现场观测工作。为加强 MOSAiC 计划的前期协调，优化科学设计和现场观测实施方案，加强观测实验与数值模式试验的联系，德国 AWI 研究所在波茨坦分别于 2018 年 5 月以及 2019 年 3 月举行了“Advancing MOSAiC Science”和“MOSAiC Science

■ 光影

Workshop”研讨会。中方均再次派出了以陈大可院士为团长的代表团参会。在大可院士的指导下，我全程参与了中方参与MOSAiC计划的方案设计，后来被指定为中方协调人。

为了乘坐俄罗斯的Dranitsyn破冰船，我们必须像船员一样参加STCW的培训。上海和杭州的队员都是在上海海事大学进行的培训，现在还记得从5米跳台上跳下去的求生训练。培训过程中，还要折腾货运，从上海到特隆姆瑟，一个集装箱的物资，路上整整花了一个半月的时间。为参加冰上作业，我们2019年9月初参加了在德国不来梅港举行的防熊安全培训。启航前一周，我们又在特隆姆瑟培训了一周。为了满足AWI的体检要求，我们在上海和挪威特隆姆瑟先后找了4家医院进行体检和疫苗注射。整个第一航段，我们换了3艘船，乘坐了2种不同型号的直升机，驾驶过2种型号的雪地摩托车，用了不少于5种类型的雪橇、不少于10个类型的冰钻和不少于5种类型的帐篷。

冰站建立起来后，刚开始还可以进行融池观测，之后一直持续到了冬至前几天才离开冰站。在Esther的照片里，除了记录了跟我们一样的STCW培训和防熊培训外，还有在斯瓦尔巴群岛进行的求生演习，以及Polarstern出航前的大修。之后冰站一点点建起来了，冰裂冰合。我们在船上度过的一个个黑夜，都定格在光影里。看到熟悉的场景，熟悉的过程，熟悉的MOSAiC“马戏团”，我们都会心一笑。

Lance号那边传来消息，经过20来天的挣扎，就在圣诞节这一天他们自己脱困了，现在已经可以自由航行了，计划12月28日抵达斯瓦尔巴群岛的朗伊尔城，Lance号对两位探险家的营救进入了收官阶段。

Day 98

12 月 26 日

声音与颜色

北纬 80°2.93′, 东经 69°27.18′ –14.0℃

极夜期间作业，光源就是船的探照灯和队员头上戴的头灯。在冰面，每个作业点都是一个舞台，要是把作业设备，比如冰钻的声音屏蔽，要是没有风，那么作业点是孤寂的，就像舞台上演的哑剧。媒体组的 Amy 把她拍摄的场景给串了起来，把声音屏蔽了，所有画面，作业点都放在屏幕的中央，一部哑剧就诞生了。作为圣诞礼物，Amy 在电影院给我们看了她的作品。

极夜作业的主色调应该是黑色、白色和红色。黑色是属于黑夜的；白色那是冰雪；红色是主角。AWI 给我们配的考察服是红色的，但冰雪可以不是白色的。积雪要是被海水浸润，就会呈现黑色，那叫湿雪层。海冰若是多年冰，脱盐比较严重，在光照下也有可能呈现蓝色。海冰薄片样品在偏振光下，因为晶格边界的折射作用，可以呈现多彩的颜色。通过识别晶格边界，我们可以知道晶体的大小，从而大致判断出海冰的生长历史。一年冰，表层一般为颗粒状的冰，一方面因为在开阔水域生长过程，它们会受到湍流作用；另一方面积雪的变质或者再冻结过程会形成雪冰，后者也是颗粒状的冰。冰层形成后，之后连续生长的冰则为柱状冰，生长得越快晶轴尺寸越大。天气过程的不连续性可能会导致生长过程的不连续，使得晶体的形成也不连续。在 Amy 的哑剧里，用冰晶体的颜色给极夜的工作增加了不少斑斓的色彩，把她的哑剧串联了起来。

Dranitsyn 不断地往南走，但并不都是顺利的。在海冰边缘区也有乱冰堆。今天下午居然在乱冰堆里被困住了接近2个小时。乱冰堆的海冰隐约透着蓝光，仿佛告诉我们，它们是从北面漂来的多年冰，被风暴打碎了。

乱冰堆

Day 99

12 月 27 日

莲叶冰

北纬 78°6.50′, 东经 60°40.94′ -21.0℃

在北地群岛与法兰士·约瑟夫地群岛之间，Dranitsyn 不断往西南方向航行，今天终于到了海冰边缘区了。冬季海冰生长季的海冰边缘区与夏季不同，后者主要是残留的厚冰脊或者融蚀了的海冰。冬季主要是刚冻结的莲叶冰，在欧美也叫饼冰（Pancake Ice），直径在 5 ~ 15 米之间，厚度在 10 ~ 15 厘米之间，边缘是翘起的，这是浮冰之间互相碰撞的缘故。莲叶冰的形成动力

■ 莲叶冰·极光 / 王磊 摄

主要是海浪，海冰边缘区海冰形成后，很容易被海浪打碎，然后互相碰撞就形成我们所看到的莲叶冰群了，一望无际，就像 6 月的洪湖。

现在的船位已经比黄河站还靠南了，所以也进入了极光爆发区，这两天都能看到极光，今天的极光则更加强，足以让人陶醉。莲叶冰群一直延伸到地平线，然后与黑夜相连，翠绿色的极光在上面舞动着，各种星座点缀着夜幕。

Dranitsyn 还要不断地沿着海冰边缘线往西航行，然后在斯瓦尔巴群岛西南方向躲避气旋。气象预报显示，未来一周，巴伦支海将会有两个超强气旋过境，中心最低气压达 965 百帕和 938 百帕，要安全回到特隆姆瑟，我们必须在两个气旋过境之间的时间窗口穿越巴伦支海和挪威海。因此，我们需要在斯瓦尔巴群岛西南方向躲风至 12 月 31 日晚上，然后 1 月 1—2 日，利用时间窗口穿过气旋缝隙。躲风的区域只能是海冰边缘线以北，莲叶冰群尽管也会随波逐流，但它们的质量足以消耗海浪的大部分能量，在冰区躲风是安全的。然而，躲风，也意味着我们需要推迟 4 天回到特隆姆瑟。Dranitsyn 穿越巴伦支海到达冰区前往 MOSAiC 冰站之前，也在特隆姆瑟锚地躲风躲了一周。可见，冬季的巴伦支海真是一个魔鬼海区，超强气旋一个接一个，让过境船舶的航期存在很大的不确定性。

Day 100

12 月 28 日

曙光

北纬 77°44.38′, 东经 51°28.59′ -8.0℃

出海的第 100 天，船舶还是在巴伦支海的海冰边缘区行驶。船时早上 10 点多，我们在甲板上散步，居然看到南面的天边上有了一抹曙光。刚开始，我们都以为是极光，极夜期间，白天看到极光也是有可能的，然而，仔细一看，我们发现这是太阳的折射光。尽管我们还没有走出极夜区，但随着纬度的降低，我们看到了折射光。从 11 月初到现在，我们已经有两个月没有看到这样的曙光了，尽管它还是很微弱，但足以令大家感动，久违了。

■ 曙光

■ 特隆姆瑟街景

后 记

2020年1月2日，新年刚过，在离开陆地的第105天，我们平安回到了挪威的特隆姆瑟港。MOSAiC航次第一航段的海上生活宣告结束。整个航段的生活和工作，定格在100天的日记和照片里。然而，对于MOSAiC冰站来说，这只是6个航段中的第一部分。经历了第一航段，我们有幸成为MOSAiC人，不分国籍的MOSAiC人。我们可以通过MOSAiC的官网，继续关注MOSAiC冰站的漂流动态，冰站的状态，冰站上的人和科考设备的近况。新年伊始，祝福MOSAiC冰站，祝福所有MOSAiC人，平安。

在出海的105天和冰站漂流的75天里，我们中方的工作得到了Fedorov和Polarstern两个分航段的领队Thomas Krumpen博士和Markus Rex博士，以及Polarstern航段的副领队Marcel Nicolaus博士的大力支持。参加第一航段的中方队员创造了一个历史，成为中国第一批在北极完全没有折射光的极夜环境下开展冰上漂流作业的科研人员。在这过程中，我们克服了严寒、风暴、海冰破碎、没有阳光、北极熊造访、缺少新鲜食物和远离家人等困难，互相帮助，在 MOSAiC 冰站留下了中国印记，和诸多来自不同国家的 MOSAiC 人一道为揭示北极气候变化的奥秘一起努力着。我们得到了认可，收获了数据和友谊，真正做到了实有所得。感谢木盛、海伦、任健、王磊和小方，以及随 Fedorov 先行回去的 7 名队友，你们的帮助，不但让我的现场工作得以顺利开展，还能抽空完成本书的撰写。

出海 105 天，意味着离开家人近 4 个月，感谢夫人对我的理解和支持。自结婚以来，我参加了 5 次北极考察，夫人精心地照顾着家庭，让在前线工作的我没有了后顾之忧。我错过了儿子小学生活的第一个学期。现在，他已经迅速地成长为一个热爱阅读的小小少年。希望通过这本书，让他更多地了解极地考察的工作和生活，领悟到我们极地人冰雪般坚毅的品格。同时，也感谢所有极地人的家属，因为我们的工作性质，让你们在家里承担了更多的责任，扮演了更多的角色，你们辛苦了！

最后，感谢为本书提供插图的队友，感谢陈大可院士对中国参与 MOSAiC 计划的支持。MOSAiC 的野外实验得到了国家重点研发计划“高分辨率海冰模式研发”（2018YFA06059）和“极地观测 / 监测技术装备与研发”（2016YFC14003），以及国家优秀青年基金（41722605）的支持。在此一并感谢。

雷瑞波

于 Dranitsyn，2020 年 1 月 2 日

NOTRE-DAME DE PARIS

Cathédrale éternelle

永恒的巴黎圣母院

一座哥特式大教堂的诞生

[法] 克劳德 · 戈瓦尔 著 [法] 若埃尔 · 莱泰 摄影
刘雅宁 译